宝宝爱吃的离乳食宝典

为宝宝量身打造的全营养天然配方

乐妈咪孕育团队　主编

U0323577

江西科学技术出版社

图书在版编目（CIP）数据

宝宝爱吃的离乳食宝典 ： 为宝宝量身打造的全营养
天然配方 / 乐妈咪孕育团队主编. -- 南昌 ： 江西科学
技术出版社，2017.11
　　ISBN 978-7-5390-6065-1

　　Ⅰ．①宝… Ⅱ．①乐… Ⅲ．①婴幼儿－保健－食谱
Ⅳ．①TS972.162

中国版本图书馆CIP数据核字(2017)第225538号

宝宝爱吃的离乳食宝典：为宝宝量身打造的全营养天然配方

BAOBAO AICHI DE LIRUSHI BAODIAN:WEI BAOBAO LIANGSHEN DAZAO DE QUANYINGYANG TIANRAN PEIFANG　　　乐妈咪孕育团队 主编

摄影摄像	深圳市金版文化发展股份有限公司
选题策划	深圳市金版文化发展股份有限公司
封面设计	深圳市金版文化发展股份有限公司
出　　版	江西科学技术出版社
社　　址	南昌市蓼洲街2号附1号
	邮编：330009　　电话：（0791）86623491　　86639342（传真）
发　　行	全国新华书店
印　　刷	深圳市雅佳图印刷有限公司
开　　本	889mm×635mm　　1/24
字　　数	140 千字
印　　张	7.5
版　　次	2018年1月第1版　　2018年1月第1次印刷
书　　号	ISBN 978-7-5390-6065-1
定　　价	29.80元

赣版权登字：03-2017-328

给宝宝最好的离乳期饮食安排

准备给宝宝离乳前，爸爸、妈妈经常会变得心情紧张，从哪些材料着手呢？应该将离乳食做成什么样的状态呢？如何掌握宝宝的喂食分量呢？如何调味？宝宝吃了会不会有问题？如果宝宝出现呕吐和腹泻怎么办？这些担心会一个接着一个出现在爸爸、妈妈的脑海里，搞得爸爸、妈妈非常慌乱。

如果爸爸、妈妈注意观察宝宝离乳的反应，并小心谨慎地开始离乳，密切地与宝宝进行感情交流，就可以使宝宝逐渐适应离乳过程。为了顺利进入离乳期，爸爸、妈妈需要掌握有关知识：一是要让宝宝顺利度过从吸吮到咀嚼的过程，二是要及时掌握宝宝有无食物过敏现象，用心制订离乳饮食计划，引导和帮助宝宝按照计划养成正确的饮食习惯。

本书一开始先介绍了离乳常用器具、食材及手法，希望爸爸、妈妈通过这样的引导，对于离乳食制作相关技巧、器具会有一定程度的了解，学会基本的技巧，在为宝宝制作离乳食的时候，可以更灵活而多样地发挥，让宝宝在离乳时期有一个健康而愉悦的饮食起点，奠定往后的健康人生。

爸爸、妈妈常常为宝宝的饮食感到头痛，宝宝不喜欢单一而重复的菜单，本书完整收录了离乳初期、中期及后期的宝宝食谱，让爸爸、妈妈在制作离乳食的时候，无需担心菜色过于单一，选择范围更为宽广，让宝宝享受一个健康、愉悦的离乳期。最后一单元则完整收录了离乳初、中、后期宝宝的饮食重点，并解答这三个时期爸爸、妈妈最常疑惑的问题。

目录
Contents

Part 1
离乳食小常识

Part 2
宝宝最爱的初期离乳食

Part 3
宝宝最爱的中期离乳食

Part 4
宝宝最爱的后期离乳食

Part 5
聪明宝宝养育小秘籍

Part 1
离乳食小常识

在宝宝离乳期间，妈妈需要掌握与离乳食相关的所有常识，不只是准备离乳食的工具，还需要熟知食材的各种特性，甚至是制作离乳食的基本方法，才能愉快并准备周全地迎接宝宝的成长。

方便好用的离乳食器具

离乳期是宝宝从液体食物迈向固体食物的阶段，这个时期，宝宝开始尝试食用各种不同的食物。好用的离乳食器具能让你制作离乳食时更省力。

让宝宝食用新鲜及营养的离乳食非常重要。少量的离乳食制作需要好用的工具，这样不仅便于料理，在事后收拾时也较为省力。大人的食材较复杂，调味也较多，建议制作宝宝离乳食的时候最好拥有专属的料理工具。

离乳食常用工具

宝宝餐具一
宝宝食用离乳食的各种器具。优良的宝宝餐具，重量轻而且不容易碎。

宝宝餐具二
好的餐具宝宝容易使用，不会给手部造成负担，并且方便宝宝进食。

计量匙
测量食材的好工具，需要测量少量材料时，计量匙会比秤方便，制作离乳食的时候可以多多利用。

榨汁、研磨和过滤器
制作果汁时可以使用榨汁器；研磨器则可以将蔬菜、水果磨细；过滤器在榨汁及过滤高汤的时候都会使用到。

研钵
在制作离乳食时，研钵可以用来捣碎食物或磨粉。

压泥器
碾碎蒸熟的土豆、南瓜以及红薯等食材，使用压泥器最为方便。

果汁机
可以用来制作果汁或果泥，还可以将坚硬的坚果或芝麻食物等磨成粉末。

电子秤
虽然价格较高，但制作离乳食的时候，对于分量的掌握非常有帮助。保管时需小心，因为电子秤非常不耐摔。

搅拌器
制作离乳食的时候，若是遇到食材黏成一团拌不开，可以利用搅拌器多次拌搅，使食材均匀散开。

蜂蜜勺
取用蜂蜜的好帮手，可以便利而适量地取得蜂蜜，是离乳食的便利工具之一。

饼干模型
料理时，可以巧妙使用饼干模型来增加宝宝吃饭的乐趣，例如：宝宝不喜欢苹果，妈妈可以利用饼干模型来塑形，提高宝宝食用的意愿。

宝宝营养食材

宝宝进入离乳时期后，开始摄取丰富而多样的营养食材，妈妈应该掌握宝宝的生长时机，配合当季的天然蔬果，为宝宝建立良好的饮食习惯。

常见的离乳食材

菠菜

菠菜含有丰富的膳食纤维，可以促进宝宝肠胃的蠕动，营养价值高，包含蛋白质、维生素 B_1、维生素 B_2、维生素 C、铁、钾以及钙等。

胡萝卜

胡萝卜含有非常高的营养价值，在日本甚至有"东方小人参"的美誉，可保护宝宝的皮肤及细胞黏膜，并提高身体抵抗力，是很棒的食材。

玉米

玉米含有大量的膳食纤维，可以改善宝宝的便秘症状，所含其他营养素，如镁、铁、磷、糖类、蛋白质与胡萝卜素等对宝宝也很有助益。

茄子

茄子营养价值极高，90% 都是水分，富含膳食纤维，紫色外皮含有多酚类化合物以及花青素，有益于宝宝的健康。

花菜

花菜不仅含有丰富营养素，且富含膳食纤维，对宝宝的肠道蠕动、消化都具备良好功效，是非常适合宝宝食用的蔬菜之一。

土豆

土豆营养价值极高，在欧洲被称为"大地的苹果"，营养成分包括维生素 B_1、维生素 C、蛋白质、钙、铁、锌、镁和钾等。

南瓜

南瓜颜色越黄，甜度越高，所含的 β-胡萝卜素也越丰富，其蕴含的类胡萝卜素加入油脂烹煮，不仅不会被破坏，还有助宝宝的吸收。

小白菜

小白菜含有极高的膳食纤维及水分，属于热量低但具有大量纤维质的蔬菜，其营养成分包含钾、钙、铁、磷、维生素 A、B 族维生素和维生素 C 等。

宝宝最爱的离乳食物

上海青
上海青是草酸含量低，钙含量较高的蔬菜，相较其他蔬菜，宝宝的钙吸收率较高。妈妈在烹调上海青时，要避免过度烹调而流失营养。

白萝卜
白萝卜营养价值高，包含锌、维生素 A、B 族维生素、维生素 C 及维生素 D 等营养素，更含有大量的膳食纤维，能帮助宝宝肠胃蠕动及消化，对健康很有益。

包菜
包菜营养丰富，钙、铁、磷的含量在蔬菜中名列前茅，更含有丰富的人体必需的微量元素，还含有 B 族维生素、维生素 C、钾以及膳食纤维等。

秋葵
秋葵含有丰富营养，包含维生素A、维生素C、铁和钙等，果实内部含有独特的黏液、果胶以及半乳聚糖等植物纤维，对宝宝健康十分有益。

西红柿
西红柿鲜红的主要原因在于茄红素，茄红素同时也是重要的抗氧化物，可以预防宝宝体内的细胞受损，并保护心血管系统，营养价值很高。

苹果
苹果对宝宝的健康非常好，其营养成分包括维生素 A、B 族维生素、维生素 C、磷、铁、钾、镁以及膳食纤维等，膳食纤维不仅可以促进肠胃蠕动，还可减少便秘发生。

梨子
梨子每个部位皆有妙用，果肉生津止渴，外皮润肺降火，营养更是丰富，包括维生素B_1、维生素B_2、维生素C、钾、钙、镁、铁以及锰等营养素。

葡萄
葡萄对宝宝的健康非常有帮助，蕴含丰富的维生素A、维生素B_1、维生素B_2、维生素B_6、维生素C、氨基酸、钙、磷、铁以及葡萄糖等。

离乳食的基本手法：研磨

宝宝的离乳食物中，有很多需要使用到研磨的动作，太大的食物颗粒会造成宝宝吞咽的困难，经过研磨，可以让食物变成适合宝宝吞咽的状态。

准确掌握研磨的技巧

研磨的方式有许多，除了使用研钵之外，还能利用磨粉机、搅拌机、磨碎机、刨丝器以及刀子来进行，不同工具依照不同的方式都可以达到研磨的效果。

若是要在宝宝的离乳食增添松子、干香菇等营养粉末，可选择磨粉机来使用；搅拌机则可以用来将具备水分的蔬菜或水果均匀搅碎；若想在宝宝的饮食添加婴儿芝士，刨丝器则是很好的选择；如果不想购买上述器具，虽然比较费时、费力，用刀子也可以达到相同效果。

研磨步骤示意图

稳稳托住碗身
将食材放入研钵中，需稳固地托住碗身，才能方便施力。

左右均匀研磨
握着木棒的手沿着碗内圆周施力，使食材可以被均匀磨碎。

大颗粒重点研磨
在磨碎的过程中，可针对碗中不够细致的大颗粒作重点研磨。

离乳食的基本手法：压泥

宝宝进入离乳期后，会经常接触到泥状的食物，妈妈可以利用相关工具及技巧来完成宝宝的需求。

轻松学会压泥技巧

宝宝在离乳期会经常食用泥状食物，妈妈可以学会几种压泥技巧，方便离乳食的料理。除了最简单的使用汤匙压泥之外，用挤压器以及刀背等器具，也可以达到相同的效果。

土豆、南瓜以及红薯等食材蒸熟后，不管是放进碗中用挤压器按压成泥，还是放在干净的砧板上用菜刀侧面施力按压，都可以使之变成泥状，方便离乳食的料理。

压泥步骤示意图

轻轻扶住碗身

食材放入碗中后，需轻轻地扶住碗身，以免受施力影响，造成食具位移或食物掉落。

汤匙紧贴食物向下施力

可以压泥的食材多半较为软烂，只要向下施力，不需耗费太多力气便能完成。

不均匀处重点压泥

使用汤匙压泥过程中，施力面积难免无法全面，这时候可以针对压泥不完全的区域重点施力。

离乳食的基本手法：榨汁

为了让宝宝能够适量地饮用一些果汁，妈妈可以利用适合的工具，轻松地完成榨汁动作。

快速学会的榨汁手法

不同的食材可以采取不同的器具来完成榨汁的动作，如果制作草莓、葡萄等果肉绵密且容易出汁的果汁，可直接使用滤网来取汁；以橙子或橘子等外皮较坚硬的水果来取汁，则可以利用榨汁机作为辅助；而介于上述两类之间的蔬果，如西红柿、黄瓜等，便可以借助研磨器来完成榨汁的动作。

榨汁步骤示意图

放入食材及适量开水
取果汁机专用容器放入食材及适量开水，确定好卡榫。

按下开关搅打成汁
扶好果汁机，按下开关，使之均匀搅打，待颗粒呈现绵密细致状，即可停止。

滤网过滤大颗粒果肉
使用滤网将较大颗粒的果肉做个过滤，让宝宝饮用起果汁来更顺口。

离乳食的基本手法：米粥制作

宝宝将历经不同的离乳时期，食用的米粥颗粒大小也会随之改变。

简单好学的米粥制作方法

制作离乳粥的方式非常多，妈妈可以选一种自己最为顺手及喜欢的方式来进行，并搭配家里有的厨具，达成事半功倍的效果。电锅、微波炉、保温瓶以及微波炉都是很好的煮粥工具。使用电锅，可以同时完成大人与宝宝的粥饭，在内锅放入平日大

人食用的米、水量，再取耐热容器，放入离乳粥的米、水量，按下开关，静待一段时间即完成。

利用微波炉制作离乳粥时，取微波专用的碗，放入宝宝一餐饭量的米饭，加入适量水均匀搅拌，放进微波炉加热2~3分钟，取出后再焖上一段时间即可。

离乳粥制作步骤示意图

初期粥

准备食材：
白米饭 15 克
做法：
1. 将米饭和 150 毫升水放入搅拌机内，搅拌成米糊。
2. 将米糊倒入锅中，以中小火加热，边煮边搅拌。
3. 沸腾后以滤网过滤后即完成。

中期粥

准备食材：
白米饭 15 克
做法：
1. 将 75 毫升水倒入锅中，煮沸后加入米饭，边煮边搅拌。
2. 再以小火慢熬 20 分钟，捞去浮沫即可。

后期粥

准备食材：
白米饭 15 克
做法：
1. 将 45 毫升水倒入锅中，煮沸后加入米饭，边煮边搅拌。
2. 再以小火慢熬 15 分钟，捞去浮沫即可。

Part 2
宝宝最爱的初期离乳食

来到离乳期，宝宝从液态食物迈向固态食物，第一件事便是学会吞咽，妈妈在这个阶段需要制作特殊的离乳食物，让宝宝方便吞咽，进而爱上吃饭。

适合：4 到 6 个月宝宝

白萝卜
米糊

材料 · · · · · · · · · · · · · · ·

白米糊 60 克
白萝卜 20 克

小常识

白萝卜含有丰富的维生素
C 与微量元素锌，可加强
宝宝免疫功能，还有清热
解毒的功效。其所含膳食
纤维有助于肠胃系统，能
减少粪便停留肠道的时
间，因此可以促进宝宝的
消化。还没成熟的萝卜其
根部辣味较强，所以在制
作离乳食的时候，要选取
中间部分来使用。

做法

1. 削去白萝卜外皮后，切块。
2. 将白萝卜块放入搅拌器中搅拌成泥。
3. 把萝卜泥放入白米糊中，用小火煮开，再用滤网过滤即可。

适合：4 到 6 个月宝宝

栉瓜
小米糊

材料 · · · · · · · · · · · · · · · ·

白米 10 克
小米 10 克
栉瓜 15 克

小常识

栉瓜具有清热利尿、润肺止咳、消肿散瘀的功效，还含有一种干扰素的诱生剂，可刺激身体产生干扰素，能增强宝宝的身体免疫力，具有预防疾病发生的功效。

做法

1. 将白米、小米洗净，用清水浸泡 1 小时左右，与适量水一起放入搅拌器中打成米糊。

2. 栉瓜洗净后，磨成泥备用。

3. 将栉瓜泥加入打好的米糊中，以小火煮开即可。

适合：4 到 6 个月宝宝

西兰花
米粉糊

材料 · · · · · · · · · · · · · · ·

白米糊 60 克
奶粉 15 克
西兰花 10 克

小常识

西兰花属于十字花科，它的热量低、纤维多，而且富含维生素A和维生素C。最重要的是，它除了含有上述的抗氧化的维生素以外，还含有数种强力抗癌效果的化合物，很适合添加在宝宝的离乳食中。

做法

1. 西兰花洗净、焯烫后，取花蕾部分剁碎。
2. 将白米糊倒入锅中，加入奶粉搅拌均匀，再放入西兰花碎，煮沸、拌匀即可。

适合：4 到 6 个月宝宝

茄子糊

材料 · · · · · · · · · · · · · · · · ·

白米粥 60 克
茄子 1/4 个

小常识

茄子含有丰富的维生素E，为其他蔬菜所不能相比的。紫色鲜艳外皮更是因为富含天然抗氧化剂——花青素。而它富含的水溶性纤维，可帮助宝宝的肠道蠕动，避免便秘发生。虽然茄子的紫色外皮较不易消化，在离乳初期需削去外皮，但因拥有大量维生素，离乳中期后就不需再削皮了。

做法

1. 茄子洗净、去皮，剁碎备用。
2. 将剁碎的茄子放入白米粥里，用小火熬煮片刻。
3. 再将熬好的粥放在滤网上过滤，碾碎粗粒后，再煮沸一次即可。

扫一扫！

花菜
米糊

材料 · · · · · · · · · · · · · · · ·

白米糊 60 克
花菜 1 小朵

小常识

花菜富含蛋白质、维生素A、B族维生素、维生素C、维生素E、维生素P以及钙、磷、铁等矿物质。花菜质地细嫩，味道鲜美，食用后容易吸收消化，很适合宝宝食用。在挑选花菜时，尽可能选择有淡青色、细瘦、鲜翠的花梗的，另外，茎部不空心的方为上选。

做法

1. 把花菜放入滚水中焯烫，切去花菜的粗茎。
2. 花菜取花蕊部分，捣碎备用。
3. 将碎花菜放入白米糊中，用小火煮一会即可。

适合：4 到 6 个月宝宝

甜南瓜
米糊

材料 . . . .

白米糊 60 克
甜南瓜 10 克

小常识

甜南瓜是典型的橙黄色蔬菜，味道香甜，很适合作为离乳食。本品既美味又营养，还能让宝宝感受到南瓜天然的味道。

 做法

1. 白米糊加适量水搅拌均匀。
2. 甜南瓜去皮、去籽后再蒸熟，磨成泥。
3. 将磨好的南瓜泥放入加热的米糊里，熬煮片刻即可。

适合：4到6个月宝宝

油菜米糊

材料 · · · · · · · · · · · · · · · ·

白米糊 60 克
油菜 2 片

小常识

日常食用的多半是十字花植物科油菜的嫩茎叶。油菜具备丰富的钙、维生素A、B族维生素、维生素C等营养素。其钙含量是菠菜的三倍，维生素C含量也比大白菜的多一倍以上，胡萝卜素含量在蔬菜中更是数一数二的，对宝宝来说是极为营养的蔬菜。

做法

1. 油菜洗净，切末。
2. 在白米糊中放入适量水、油菜末，搅拌均匀，煮熟即可。

适合：4到6个月宝宝

青菜泥

材料 · · · · · · · · · · · · · · · ·

绿色蔬菜 30 克

小常识

蔬菜含有丰富的纤维素，可以帮助宝宝肠胃蠕动，维持肠胃的健康，每餐最好都要摄取足够的分量，可避免宝宝发生便秘的状况。如果宝宝排斥蔬菜泥的味道，可以拌入一些红薯泥或土豆泥，以增加香气和甜味，让宝宝吃得更健康。

做法

1. 将青菜洗净，去梗、取嫩叶，撕碎后备用。
2. 将撕碎的青菜叶用滚水快速焯烫后捞起，沥掉多余的水分。
3. 将青菜放在研磨器中，用研磨棒捣碎、挤压，直到变成菜泥即可。

扫一扫！

适合：4 到 6 个月宝宝

水梨米糊

材料 · · · · · · · · · · · · · · ·

白米粥 60 克
水梨 15 克

小常识

水梨是碱性食物，甜味较重，有利尿的效果，可有效预防及消除便秘。给离乳期的宝宝喂食一点水梨，可以帮助消化，也有利于排便。

做法

1. 白米粥加适量水，搅拌成米糊。
2. 水梨去皮、去果核，再磨成泥备用。
3. 加热白米糊，放入磨好的水梨泥，再稍煮片刻即可。

适合：4 到 6 个月宝宝

西瓜米糊

材料 · · · · · · · · · · · · · · · ·

白米粥 60 克
西瓜 30 克

小常识

西瓜具有利尿效果，在喂食宝宝的时机上需多加注意，尽量不要在晚餐时间食用，以免宝宝夜晚频尿。西瓜是生冷之物，吃多了易伤脾胃，所以，脾胃虚寒、消化不良的宝宝不宜过量食用。

做法

1. 白米粥加适量水，用搅拌器搅拌成米糊。
2. 西瓜去皮、去籽后，切块并磨泥备用。
3. 在煮好的米糊里，放进西瓜泥，稍煮片刻即可。

027

适合：4 到 6 个月宝宝

胡萝卜牛奶汤

 材料 ·················

胡萝卜 50 克
冲泡好的牛奶 45 毫升

小常识

胡萝卜有增强免疫力的功效，其粗纤维可促进肠胃蠕动，帮助宝宝维持好消化，而其中 β –胡萝卜素在人体内可转化为维生素 A，发挥保护宝宝皮肤和细胞黏膜的功能。胡萝卜表皮营养丰富，建议使用刨刀去皮，并尽量刮得薄一些，以防营养丧失。

做法

1. 将胡萝卜洗净后，蒸熟、磨成泥。
2. 将冲泡好的牛奶加热，放入胡萝卜泥，开小火，煮沸即可。

扫一扫!

适合：4 到 6 个月宝宝

大白菜汤

材料

嫩大白菜叶 40 克
冲泡好的牛奶 25 毫升

小常识

大白菜富含非水溶性膳食纤维，可促进肠胃蠕动，促进体内消化及排毒，非常适合慢性便秘的宝宝食用。不过大白菜较为生冷，妈妈不宜让宝宝食用过量。

做法

1. 大白菜叶洗净后切小片，加水煮熟、捞出，放入研磨碗中压出菜汁，再用过滤网滤出菜汁。

2. 将菜汁加入冲泡好的牛奶中，搅拌均匀即可。

法式南瓜浓汤

材料 · · · · · · · · · · · · · ·

南瓜 30 克
冲泡好的牛奶 45 毫升

小常识

南瓜营养很高，是维生素A的优质来源，特别是胡萝卜素含量，高居瓜类之冠。南瓜能增强肝、肾细胞的再生能力，且口感绵密香甜，可以和大部分的食材搭配食用，是非常理想的离乳食材，既美味又营养。

做法

1. 将南瓜洗净并切块，蒸熟后去籽、去皮，再磨成泥。
2. 在南瓜泥中，加入冲泡好的牛奶，搅拌均匀即可。

适合：4 到 6 个月宝宝

土豆牛奶汤

材料 · · · · · · · · · · · · · · · ·

土豆 50 克
冲泡好的牛奶 25 毫升

小常识

土豆营养很高，含有丰富的维生素及矿物质，其中钾含量是香蕉的两倍之多。土豆对改善宝宝气喘或过敏体质具有一定功效，还可以补气、利尿以及消炎。

做法

1. 将土豆去皮、切小块，放入蒸锅中蒸至熟软，取出后趁热捣碎。
2. 加热冲泡好的牛奶，再倒入土豆泥，均匀搅拌后，煮开即可。

适合：4 到 6 个月宝宝

麦粉糊

材料 ·················

燕麦 45 克
西兰花 2 朵

小常识

燕麦含有丰富的蛋白质、脂肪、钙、磷、铁及B族维生素，其脂肪含量为麦类之冠，维生素B$_1$、维生素B$_2$相较白米含量高，同时也是补钙最佳来源之一，是非常好的离乳食选择。

做法

1. 将西兰花洗净，取花蕾聚集而成的花苔部分，切碎后将其放入滚水中。
2. 炖煮 10 分钟后过滤，取汁。
3. 燕麦磨成粉，放进锅中，再倒入适量西兰花汁，均匀搅拌，煮开即可。

适合：4 到 6 个月宝宝

花菜
苹果米糊

材料 · · · · · · · · · · · · · · · · · · ·

白米糊 60 克
花菜 10 克
苹果 15 克

小常识

花菜的热量低、纤维多，而且富含维生素A和维生素C，可以增强宝宝的免疫力。苹果含有多种维生素和胡萝卜素等营养成分，易被人体消化吸收，所以非常适合宝宝食用。苹果还含有神奇的"苹果酚"，极易在水中溶解，具有抗氧化的作用。

做法

1. 花菜洗净，焯烫后磨碎。
2. 苹果去皮、去果核后，磨成泥备用。
3. 将花菜放入白米糊中稍煮片刻，最后再放入苹果泥，拌匀煮熟即可。

土豆
哈密瓜米糊

材料 · · · · · · · · · · · · · · · ·

白米糊 60 克
土豆 10 克
哈密瓜 10 克

小常识

土豆含铁、钾和多种维生素等诸多营养素，可用来代替谷类，同时又兼具蔬菜的功效，能够补充体力，且口感软绵，是宝宝很好的谷类替代品。

做法

1. 土豆去皮，蒸熟后磨泥。
2. 哈密瓜去皮、去籽，磨成泥备用。
3. 最后将土豆泥、哈密瓜泥和适量水放入白米糊中拌匀，以小火煮开即可。

适合：4 到 6 个月宝宝

包菜
苹果米糊

材料 · · · · · · · · · · · · · · ·

白米糊 60 克
包菜大叶 1 片
苹果 25 克

小常识

包菜含有丰富的维生素C
与纤维质，能防止便秘、
帮助消化，还有多种人体
必需的微量元素，尤其是
锰，可以促进新陈代谢，
帮助宝宝成长发育。为降
低农药残留，包菜可在室
温通风处，放置2~3天，
让农药挥发掉。

做法

1. 包菜叶用清水洗净，再用开水焯烫一下，切碎、磨碎，滤出菜汁。
2. 苹果洗净、去皮、去核，再磨成苹果泥。
3. 白米糊加热后，加入包菜汁和苹果泥，用小火熬煮片刻即可。

适合：4 到 6 个月宝宝

猕猴桃萝卜米糊

材料

白米糊 60 克
猕猴桃 15 克
胡萝卜 10 克

小常识

猕猴桃中的维生素C含量比橘子多出2倍，内含丰富的纤维质、果胶及12种氨基酸。另外，吃猕猴桃还可改善睡眠品质及有助于改善消化不良的症状。猕猴桃性寒，容易引起腹泻，不宜多食。有少数人对猕猴桃有过敏反应，特别是宝宝，因此，妈妈在喂食宝宝猕猴桃后，需仔细观察有无不良反应。

做法

1. 胡萝卜去皮，蒸熟，磨成泥。
2. 猕猴桃去皮后，磨成泥。
3. 加热白米糊，放入胡萝卜泥和猕猴桃泥，熬煮片刻即可。

适合：4到6个月宝宝

包菜
菠萝米糊

材料 · · · · · · · · · · · · · · · · ·

白米糊 60 克
菠萝 15 克
包菜 10 克

小常识

菠萝含有丰富的维生素B$_1$和柠檬酸，能促进新陈代谢、恢复疲劳和增加食欲，而所含维生素C不受高温破坏，因此，用其制作离乳食物是不错的选择。另外，菠萝所含酶除了帮助消化外，还可抗炎。在选择上，要挑选新鲜、完全成熟的较佳，如果宝宝食用未成熟的菠萝，会出现消化不良、皮肤瘙痒等症状。

做法

1. 包菜用清水洗净，去除中间粗硬部分。
2. 将处理好的包菜叶用开水焯烫一下，再用搅拌机搅碎成泥。
3. 菠萝去皮，搅拌成泥。
4. 把搅碎后的包菜和菠萝泥放入白米糊中，用小火煮开即可。

适合：4 到 6 个月宝宝

南瓜板栗粥

材料 · · · · · · · · · · · · · · · ·

白米糊 60 克
板栗 2 粒
南瓜 10 克

小常识

板栗富含膳食纤维及维生素C，煮熟后口感香甜，适合添加在离乳食物中。至于剥皮不易的部分，可先将板栗对切，放入开水中浸泡，再用筷子搅拌几下，栗皮就会脱去，但浸泡时间不宜过长，以免流失营养。

做法

1. 板栗蒸熟后，趁热磨碎。
2. 将南瓜蒸熟，去籽、去皮，磨成泥备用。
3. 白米糊加热后，加入南瓜泥和板栗拌匀，以小火煮至沸腾即可。

适合：4 到 6 个月宝宝

红薯百香果米糊

材料

白米粥 60 克
红薯泥 20 克
百香果 10 克

小常识

红薯含有多种营养素，其中膳食纤维可以促进宝宝的肠胃蠕动，帮助消化。百香果富含钾、维生素A、B族维生素、维生素C及蛋白质等营养物质。百香果酸酸甜甜，是十分清爽的水果，有生津解渴、促进食欲的功效，对宝宝有清肠开胃的作用。

做法

1. 将白米粥加水，搅拌成米糊；百香果捣碎。
2. 将红薯皮削厚些，切成适当大小，放入锅里蒸熟并捣碎。
3. 加热白米糊，放入捣碎的红薯泥和百香果，用小火煮滚，搅拌均匀即可。

适合：4 到 6 个月宝宝

胡萝卜
南瓜米糊

材料 · · · · · · · · · · · · · · ·

白米糊 60 克
南瓜 10 克
胡萝卜 10 克

小常识

胡萝卜能提供丰富的维生素A，具有促进宝宝正常生长的作用，还能增强宝宝免疫力，防止呼吸道感染及保护视力正常。虽然胡萝卜富含多种营养素，但仍然不能让宝宝食用过量，因为大量摄入胡萝卜素会令宝宝的皮肤变成橙黄色。

做法

1. 白米糊加适量水搅拌均匀。
2. 将胡萝卜去皮后蒸熟，磨泥。
3. 南瓜去皮、去籽后蒸熟，再磨成泥。
4. 加热白米糊，放入胡萝卜泥、南瓜泥，稍煮片刻即可。

适合：4 到 6 个月宝宝

燕麦南瓜泥

材料

南瓜 20 克
燕麦 10 克

小常识

燕麦富含可溶性纤维，能整肠健胃，搭配具备多种营养素的南瓜，不但能增强免疫力，还有益胃肠道消化系统，可说是非常适合宝宝食用。在宝宝满五个月以后，作为离乳食的粥品可在喂奶时间一起吃，先吃粥，后吃奶，但奶量不要一下子减得太多或太快，需依据宝宝食用后的情况适量调整。

做法

1. 燕麦洗净、煮熟后，用滤网过滤，取出燕麦磨成泥备用。
2. 南瓜洗净，放入蒸锅中蒸至熟透后，去皮、去籽。
3. 再将南瓜压成泥，倒入燕麦泥，搅拌均匀即可。

适合：4 到 6 个月宝宝

板栗
上海青稀粥

材料 · · · · · · · · · · · · · · · · ·

白米粥 60 克
板栗 1 个
上海青 10 克

小常识

板栗所含的维生素C，即使加热过后，也不会被破坏。上海青含有丰富的胡萝卜素和钙，是防治维生素D缺乏的理想蔬菜，可改善宝宝缺钙、软骨等状况，并有助于强健骨骼、增强免疫力，很适合作为离乳食物。

做法

1. 板栗去壳，蒸熟后去膜、切小丁，再磨碎备用。
2. 上海青洗净后，切碎。
3. 将白米粥加热，放入板栗末和上海青末，用小火熬煮片刻，直到上海青熟软即完成。

适合：4 到 6 个月宝宝

菠菜
牛奶稀饭

材料 · · · · · · · · · · · · · ·

白米粥 60 克
菠菜 5 克
牛奶 70 毫升

小常识

菠菜富含胡萝卜素、维生素、铁等，可预防宝宝感冒，另外亦含有不少叶酸，可让宝宝大脑血管保持健康。菠菜对胃和胰腺的分泌功能有一定促进作用，可提高宝宝胃、肠、胰腺的分泌功能，增进食欲，帮助消化。

做法

1. 菠菜挑选嫩叶，焯烫后捞出，挤干水分后，用研磨器磨成泥。
2. 将菠菜和牛奶放入白米粥中，熬煮片刻即可。

适合：4 到 6 个月宝宝

花菜
水梨米糊

材料 · · · · · · · · · · · · · · · · · ·

白米糊 60 克
花菜 20 克
水梨 25 克

小常识

花菜属于十字花科类，含丰富的营养素，其中所含的槲皮素能抗菌、抗炎、抗病毒，能有效提高宝宝的免疫功能。而且花菜含水量高、热量低，宝宝食用后容易有饱足感，又不会对身体造成负担。

做法

1. 花菜洗净后，取花蕾部分备用。
2. 将花菜花蕾用开水焯烫后，捣碎；水梨去皮，磨成泥备用。
3. 加热白米糊，然后放入花菜末和水梨泥，稍煮片刻即可。

适合：6个月宝宝

胡萝卜乳酪

材料 · · · · · · · · · · · · · · ·

胡萝卜 10 克
蔬菜汤 45 克
乳酪 5 克

小常识

由于此时期的宝宝消化系统还在发育中，请选择未经成熟加工处理的新鲜乳酪，才不会给宝宝的肠胃带来负担。新鲜乳酪质感柔软湿润，散发出清新的奶香与淡淡的酸味，十分爽口，但储存期很短，要尽快食用。

做法

1. 胡萝卜洗净、去皮，蒸熟并压成泥。
2. 将乳酪放置在研钵中捣成泥。
3. 加热蔬菜汤，放入胡萝卜泥与乳酪泥，来回搅拌均匀即可。

适合：6个月宝宝

南瓜肉汤米糊

材料

米糊 60 克
南瓜 10 克
肉汤适量

小常识

南瓜口感绵密香甜，能够与大部分的离乳食材搭配料理，可说是相当理想的食材。另外，制作无油肉汤时，煮熟后需先过滤碎渣，再放入冷藏，最后将表面油膜取出即可。

做法

1. 先将肉汤放凉，待表面油脂凝结时，再用滤网过滤，除去肉渣和油脂。
2. 将南瓜蒸熟后，去皮、去籽并磨成泥。
3. 将肉汤放入米糊中煮开，再放入南瓜泥，用小火熬至沸腾即可。

适合：5 到 6 个月宝宝

芹菜蛋黄米糊

材料 · · · · · · · · · · · · · · · ·

白米粥 60 克
芹菜 10 克
鸡蛋 1 个

小常识

芹菜含有丰富的维生素、纤维素，是宝宝摄取植物纤维的好来源。而蛋黄营养价值高，内含较多的维生素A、维生素D和维生素B$_2$，可预防宝宝罹患夜盲症。

做法

1. 芹菜洗净后，切丁备用。
2. 将白米粥中加入适量水和芹菜，一起放入搅拌机中，搅拌成糊。
3. 水煮鸡蛋后，取半个蛋黄磨成泥备用。
4. 将芹菜米糊放入锅中，加入蛋黄泥煮熟即可。

菠菜鸡蛋糯米糊

材料 · · · · · · · · · · · · · · · · ·

糯米 10 克
菠菜 10 克
煮熟的蛋黄半个

小常识

菠菜富含铁质，能有效预防贫血，更是 β–胡萝卜素含量最高的绿色蔬菜，对宝宝成长非常有益。而蛋黄中的卵磷脂有助宝宝脑部发育，而叶黄素可保护其视网膜及有助眼部发育。

做法

1. 洗净糯米，将之浸泡 1 小时。
2. 洗净的菠菜用开水焯烫后，沥干水分备用。
3. 把煮熟的蛋黄磨碎。
4. 最后将糯米和菠菜一起放入搅拌器内，加适量水搅拌成糊后放入锅中加热，再加入蛋黄泥搅拌均匀即可。

适合：6个月宝宝

酪梨紫米糊

材料

白米粥 30 克
紫米粥 30 克
酪梨 25 克

小常识

酪梨糖分低、高能量，含有人体所需的大部分营养素，具有抗发炎、补充营养的功效，对宝宝身体的好处非常多。有的宝宝不喜欢酪梨没有甜味及略带滑腻的口感，可使用配方奶来制作酪梨牛奶，或添加在其他食物里，让宝宝同时食用。

做法

1. 将白、紫米粥加适量水，放入搅拌器内磨碎。
2. 酪梨去皮、去果核，再磨成泥备用。
3. 加热米糊，将酪梨泥放入煮好的米糊里，拌匀即可。

适合：5 到 6 个月宝宝

海带蛋黄糊

材料 · · · · · · · · · · · · · · ·

蛋黄半个
海带汤 45 毫升

小常识

幼儿时期是大脑发育的最关键时刻，卵磷脂可以促进大脑神经系统与脑容积的增长与发育，所以蛋黄对于宝宝来说可视为是一种良好的健康食物。海带汤具有排除体内放射物质及抗癌的功效。

做法

1. 锅中倒入海带汤，再放入蛋黄煮至沸腾。
2. 将海带蛋黄汤放入研磨器中，将蛋黄磨细即可。

适合：4 到 6 个月宝宝

牛奶芝麻糊

材料 · · · · · · · · · · · · · ·

黑芝麻 5 克
配方奶粉 10 克

小常识

黑芝麻的蛋白质含量多于肉类，含钙量为牛奶的2倍，含铁是猪肝的1倍、鸡蛋的6倍，高膳食纤维和丰富的油脂，能治疗便秘，具有滋润皮肤的作用。

做法

1. 将黑芝麻磨成粉末。
2. 把配方奶粉、适量水、黑芝麻粉搅拌均匀。
3. 最后熬煮成芝麻糊即可。

适合：4 到 6 个月宝宝

香蕉优格

材料

香蕉 25 克
原味优格 20 克

小常识

优格与牛奶的营养价值相当，且比牛奶更容易消化吸收。对乳蛋白过敏或乳糖不耐症而不能喝牛奶的宝宝，由于乳酸菌会提供酶并且转化乳蛋白来帮助摄取，因此也能食用优格。

做法

1. 香蕉去皮、切小块，磨成泥。
2. 在香蕉泥中加入适量冷开水、原味优格，充分搅拌即可。

适合：4到6个月宝宝

草莓水果酱

材料 · · · · · · · · · · · · · · · · ·

莲藕粉适量
白糖适量
草莓适量

小常识

自制新鲜草莓水果酱可让宝宝吸收到完整的维生素C，也可让宝宝学习吞咽的动作。在食材上可选用新鲜多汁的各类水果来制作水果酱，如葡萄、橘子、水梨等。

做法

1. 新鲜草莓洗净后、去蒂，用研磨器磨成泥。
2. 莲藕粉用适量冷开水调成浆备用。
3. 锅中放入少许白糖和少量的清水煮沸，再加入草莓泥，以小火稍煮即可。
4. 最后加入莲藕浆和草莓汁，边加边搅拌至一定的浓稠度后，放凉即可。

黄豆粉香蕉

材料 · · · · · · · · · · · · · · · ·

黄豆粉 5 克
香蕉 25 克

小常识

黄豆是豆类食物中营养价值最高的一种，所含成分有蛋白质、脂肪、糖类、卵磷脂、维生素、矿物质、纤维素等。黄豆虽然具有优良的营养价值与保健功效，但是摄取过量可能产生胀气，因此给宝宝食用时需适量。

做法

1. 香蕉去除外皮，磨成泥。
2. 黄豆粉加入适量冷开水搅拌均匀，再加入香蕉泥搅拌即可。

适合：6 个月宝宝

酪梨
土豆米糊

材料 ··············

白米糊 60 克
酪梨 10 克
土豆 10 克

小常识

酪梨含有丰富的脂肪、碳水化合物、蛋白质、维生素等，可帮身体较为虚弱的宝宝补充多种营养。

做法

1. 土豆洗净、去皮后，蒸熟并捣成泥备用。
2. 洗净酪梨后，去皮、去核，再磨泥备用。
3. 加热白米糊，放入土豆泥和酪梨泥，搅拌均匀即可。

适合：4 到 6 个月宝宝

橙子汁

材料································

橙子 100 克

小常识

橙子富含B族维生素、维生素C、糖类、膳食纤维、钙、磷、柠檬酸、果胶等营养素，更是钾含量极高的水果。果肉所含的柠檬酸，可以帮助胃液对脂肪进行消化，并增进食欲；膳食纤维则能促进宝宝消化，防止便秘产生。离乳初期喂食宝宝，可将果汁用冷开水稀释2～3倍，若是酸度较高的水果，便可稀释5～6倍。

做法

1. 将橙子对半切开，用榨汁器挤压出果汁与果粒。
2. 将果汁与果粒倒入纱布中，过滤出果汁。
3. 加入 50 毫升冷开水稀释即可。

适合：4 到 6 个月宝宝

哈密瓜果汁

材料 · · · · · · · · **做法** · · · · · · · · · · · · · · · ·

哈密瓜 1 片

1. 用汤匙挖取哈密瓜中心熟软的部分，放入果汁机中搅碎。

2. 倒出果汁，用滤网过滤。

3. 用 2 ~ 3 倍的低温开水稀释即可。

适合：4 到 6 个月宝宝

苹果汁

材料 · · · · · · · · **做法** · · · · · · · ·

苹果 25 克

1. 将苹果洗净后，去皮、去核，并加入适量冷开水，用搅拌器搅拌成苹果汁。

2. 将苹果汁倒入过滤网中，过滤出果汁即可。

适合：4 到 6 个月宝宝

菠菜香蕉泥

材料 . . . .

菠菜 2 ～ 3 株
香蕉 1 段

小常识

菠菜是黄绿色蔬菜，含有丰富的维生素C、β–胡萝卜素、蛋白质、矿物质、钙、铁等营养素，因含有大量的β–胡萝卜素，可预防宝宝被病菌感染，是离乳食物的最佳选择。用于离乳食物的菠菜要烫久一点，才可去除涩味，然后挤干水分再使用。

做法

1. 将菠菜洗净，焯烫后沥干水分，切段备用。
2. 香蕉去皮，和菠菜、适量开水一起用搅拌器搅拌成泥即可。

扫一扫！

适合：4 到 6 个月宝宝

胡萝卜菜豆米糊

材料

白米糊 60 克
胡萝卜 10 克
菜豆 10 克

小常识

菜豆含有蛋白质、脂肪、碳水化合物、B族维生素、维生素C、钙、铁等营养素，其中蛋白质、B族维生素含量较为丰富，可帮助消化，促进宝宝的食欲。

做法

1. 胡萝卜去皮、蒸熟，磨成泥备用。
2. 菜豆洗净，用开水煮熟，剥完皮后，磨成泥。
3. 白米糊加水煮开。
4. 在煮好的米糊里，放入胡萝卜泥和菜豆泥拌匀，再用小火熬煮片刻即可。

适合：4 到 6 个月宝宝

苹果面包糊

材料 · · · · · · · · · · · · · · ·

吐司 1/2 片
苹果 25 克

小常识

苹果含有丰富的糖类、有机酸、纤维素、维生素、矿物质等营养物质，可以帮助宝宝调理肠胃、加速肠道蠕动，也具有增强淋巴系统功能的效果，所以，苹果对成长中的宝宝非常有益。

做法

1. 将吐司切去硬边部分，切成小碎屑。
2. 苹果洗净后去皮，磨成泥备用。
3. 将适量水煮沸，加入吐司屑和苹果泥一起熬煮即可。

扫一扫!

适合：4 到 6 个月宝宝

草莓汁

材料 · · · · · · · · **做法** ·

草莓 2 粒

1. 将草莓清洗干净，切除绿蒂，放入研磨砵内研碎。

2. 倒入过滤网中，用汤匙背压挤过滤，加入适量开水即可。

适合：4 到 6 个月宝宝

西红柿汁

材料 · · · · · · · · **做法** · · · · · · · ·

西红柿 100 克

1. 先将洗净的西红柿去蒂，放入热水中焯烫，取出后去皮、切碎，放入研磨器中挤压出汁。

2. 用过滤网滤出果汁。

3. 最后再加入适量冷开水稀释即可。

红薯
胡萝卜米糊

材料 · · · · · · · · · · · · · · · ·

白米粥 60 克
红薯 10 克
胡萝卜 10 克

小常识

红薯和胡萝卜都含有丰富的 β–胡萝卜素，且口感绵密，非常适合宝宝学习吞咽，让宝宝吃进营养外，还增加饱足感。

做法

1. 将白米粥加适量水，搅拌成米糊。
2. 红薯蒸熟后，去皮、磨成泥。
3. 胡萝卜削皮后，蒸熟、磨成泥。
4. 加热白米糊，放进红薯泥和胡萝卜泥，熬煮片刻即可。

适合：4 到 6 个月宝宝

柿子米糊

材料 · · · · · · · · · · · · · · ·

白米粥 60 克
甜柿子 15 克

小常识

柿子所含维生素及糖分，比一般水果高1~2倍，宝宝食用柿子还可大量补充维生素C。柿子还有一个特点就是含碘，可以补充碘的不足，而柿子中的有机酸有助于胃肠消化，可增进食欲，所以，柿子很适合成长中的宝宝食用。

做法

1. 白米粥加适量水后，用搅拌器搅拌成米糊。
2. 将甜柿子去皮和籽后，磨成泥。
3. 在煮好的米糊里，放进柿子泥，再熬煮片刻即可。

适合：4 到 6 个月宝宝

香蕉
菠萝米糊

材料 · · · · · · · · · · · · · · · ·

白米糊 60 克
菠萝 15 克
香蕉 15 克

小常识

香蕉含有大量糖类物质及其他营养成分，可充饥、补充营养及能量，并且可以润肠通便、缓和胃酸的刺激、保护胃黏膜、消炎解毒，有助宝宝身体健康。但脾胃虚寒，或是有腹泻现象的宝宝不宜多食和生食。

做法

1. 将香蕉、菠萝分别去皮，切小块。
2. 把少许白米糊、香蕉块以及菠萝块放入搅拌机里，搅拌成果泥。
3. 加热剩余白米糊，把果泥放入白米糊中，用小火熬煮片刻即可。

适合：4 到 6 个月宝宝

西瓜汁

材料 · · · · · · · ·

西瓜 30 克

做法 · · · · · · · · · · · · · · · · · · ·

1. 西瓜切小块后，放入研磨器内磨成西瓜泥。

2. 把西瓜泥倒在滤网内，滤出西瓜汁，放入碗内。

3. 最后加入适量的冷开水稀释即可。

适合：4 到 6 个月宝宝

香蕉糊

材料 · · · · · · · ·

白米糊 60 克
香蕉 20 克

做法 · · · · · · · · · · ·

1. 将香蕉去皮，放入捣碎器里，捣碎成香蕉泥。

2. 加热白米糊，倒入香蕉泥，均匀搅拌即可。

Part 3
宝宝最爱的中期离乳食

宝宝进入7个月后，妈妈做的离乳食物要能让宝宝用舌头压碎，在调味上也应该尽量清淡，可以的话，最好利用食物的原味来提升离乳食的美味程度。这个时期，宝宝可能出现偏食的状况，妈妈可以在离乳食的外观及口感作些变化，来增强宝宝的食欲。

丝瓜米泥

材料 · · · · · · · · · · · · · · · ·

白米粥 75 克
丝瓜 20 克
配方奶粉 15 克

小常识

丝瓜富含多种维生素及多糖体等，有镇静、镇痛、抗炎等作用，但水分丰富属寒性食物，体质虚寒或胃功能不佳的宝宝要尽量少食，以免造成肠胃不适。丝瓜中的皂苷有止咳化痰的作用，对出现咳嗽症状的宝宝而言很好。

做法

1. 将丝瓜削皮后，放到带有蒸气的蒸锅里，蒸到丝瓜熟软再切碎。
2. 加热白米粥，倒入丝瓜和配方奶粉，以小火烹煮，均匀搅拌即可。

适合：7 到 9 个月宝宝

南瓜面线

材料

面线 50 克
新鲜南瓜 20 克
高汤适量

小常识

面线中的盐含量较多，应事先煮一遍，去除多余盐分再行烹煮，切记不要再调味，避免宝宝摄取过多的盐，造成肾脏负担。南瓜的营养成分很高，含有蛋白质、胡萝卜素及多种维生素和氨基酸等，同时还是维生素A的优质来源，可防止肝脏和肾脏的病变。

做法

1. 南瓜去籽后切丁，再放入电锅中蒸熟。
2. 锅中加水煮开，再放入面线煮至软烂，捞出后，用剪刀剪成小段备用。
3. 南瓜倒入锅中，加适量水和高汤，用中火边煮边搅拌，避免烧糊。
4. 最后放入面线拌匀，再次煮开后即可关火。

什锦蔬菜粥

材料 ·················

白米粥 60 克
胡萝卜 10 克
红薯 10 克
南瓜 10 克
花生粉 15 克

小常识

红薯含有膳食纤维、胡萝卜素、维生素A、B族维生素、维生素C及钾等营养素。红薯营养价值很高，被营养学家们称为营养最均衡的保健食物。

做法

1. 将红薯、胡萝卜和南瓜分别洗净，去皮、切块、蒸熟后，磨成泥。
2. 白米粥放入锅中煮开，然后加进红薯泥、胡萝卜泥和南瓜泥搅拌均匀。
3. 最后放入花生粉，搅拌、煮开即可。

适合：7到9个月宝宝

胡萝卜泥

材料

胡萝卜 50 克
配方奶粉 15 克

小常识

宝宝在断乳中期多吃泥状食物，饱足感较足，尤其在晚餐时吃饱，半夜才不会因肚子饿哭闹。胡萝卜富含包括叶酸的多种维生素、钙质、胡萝卜素和食物纤维等有益宝宝健康的成分。

做法

1. 胡萝卜洗净、去皮，切小块， 放入锅中蒸熟后，再捣成泥状。
2. 将配方奶粉加入适量温水拌匀，再放进锅中加热，放入胡萝卜泥搅拌均匀，等奶汁收干即可。

甜南瓜小米粥

材料 • • • • • • •

白米粥 30 克
小米粥 30 克
甜南瓜 20 克

做法 • • • • • • •

1. 白米粥和小米粥加适量水，熬煮成稀粥。

2. 甜南瓜去皮，剁碎备用。

3. 将甜南瓜加入煮好的粥里，稍煮片刻即可。

适合：7 到 9 个月宝宝

豌豆糊

材料 • • • • • • •

豌豆 30 粒
鸡 肉 高 汤 30
毫升

做法 • • • • • • •

1. 豌豆洗净，放入沸水中煮至熟烂。

2. 捣碎熟烂的豌豆，加入鸡肉高汤一起拌匀即可。

适合：7到9个月宝宝

芋头稀粥

材料 · · · · · · · · · · · · · · · · ·

白米稀粥 60 克
芋头 30 克

小常识

芋头含淀粉质，可作为宝宝主食，因其口感软烂细腻，很适合宝宝吞咽。芋头的维生素和矿物质含量高，可以清热化痰及润肠通便。

做法

1. 芋头去皮后、切小丁，蒸熟。
2. 将白米稀粥加热，再加入蒸熟的芋头丁，一起熬煮即可。

适合：7 到 9 个月宝宝

香菇粥

材料 · · · · · · · · · · · · · ·

白米粥 60 克
香菇 2 个

小常识

香菇含有大量纤维质，吃起来较硬，需煮嫩后食用。香菇含有促进钙质吸收的维生素D，有助强化骨骼，对宝宝很好。香菇要挑选肉质厚实、表面平滑为佳，色泽黑褐色或黄褐色，菇面要稍带白霜，菇褶紧实细白，柄短而粗。另外，鲜香菇应在低温透气下存放，保存最好不要超过3天。

做法

1. 将香菇洗净后，去蒂，用开水煮熟，再切碎备用。
2. 加热白米粥，放入香菇末，再稍煮片刻即可。

适合：7 到 9 个月宝宝

炖包菜

材料 ·················

嫩包菜叶 30 克
嫩豆腐 30 克

小常识

包菜含有丰富的维生素 C、钾、钙等，对调节肠胃功能有不错功效。豆腐可提供蛋白质，又不刺激肠胃，是宝宝很好的离乳食物。

做法

1. 将包菜叶用开水烫过，捞出后沥干水分，切碎，烫菜叶的水留下备用。
2. 豆腐放在滤网上，用开水焯烫后，再用汤匙捣碎。
3. 豆腐、包菜叶放入小锅中，加入适量烫过包菜的水，边煮边调整浓度即可。

奶香芋泥

材料 ·················

芋头 10 克
奶粉 15 克

小常识

芋头营养价值极高，含大量的膳食纤维，可增加饱足感及促进肠胃蠕动，能有效预防宝宝发生便秘的情况。芋头的口感细软，营养价值近似于土豆，又不含龙葵素，易于消化而不会引起中毒，是一种很好的碱性食物。

做法

1. 芋头削皮，煮熟后压成泥。
2. 将奶粉用少量热水泡开备用。
3. 最后将泡好的奶水与芋泥混合，搅拌均匀即可。

适合：7 到 9 个月宝宝

土豆
糯米粥

材料 ·················

糯米粥 60 克
土豆 10 克

小常识

土豆含有丰富的维生素、大量的优质纤维素、氨基酸、蛋白质、脂肪和优质淀粉等营养元素。土豆本身具有涩味，只要在料理前将土豆泡水即可解决。如果要食用蒸熟的土豆，必需要加少许的盐来补充流失的钠。

做法

1. 土豆去皮，蒸熟后磨成泥备用。
2. 加热糯米粥，放入土豆泥，用小火熬煮、拌匀，待沸腾即可。

豌豆布丁

材料 · · · · · · · · · · · · · · ·

蛋黄 1 个
豌豆 5 粒
土豆 20 克
菠菜 10 克
奶粉 15 克
食用油少许

小常识

豌豆含有丰富的蛋白质、矿物质、多种维生素等营养素，很适合作为宝宝的离乳食材。不过，使用时要把豌豆表皮去除，以免造成宝宝吞咽以及消化困难。

做法

1. 豌豆煮熟后，去皮、压碎。
2. 把蒸过的土豆磨成泥；菠菜焯烫后，切碎。
3. 将蛋黄和奶粉拌匀，加入豌豆、菠菜和土豆。
4. 在碗内抹上食用油，把做法 3 的食材放入碗内，蒸 15 分钟即可。

适合：7 到 9 个月宝宝

包菜素面

材料 · · · · · · · · · · ·

包菜叶 1/4 片
素面 20 克
海带 1 段

做法 ·

1. 将包菜叶洗净后，切碎。
2. 锅中加适量水，放入海带熬煮成海带汤，而后捞出海带，只取清汤。
3. 将切好的包菜、素面放入海带汤中煮熟即可。

适合：7 到 9 个月宝宝

蔬果鸡蛋糕

材料 · · · · · · · ·

蛋黄 1 个
土豆 20 克
香蕉 10 克
香瓜 10 克

做法 · · · · · · · ·

1. 香瓜洗净，切成小丁；香蕉去皮，磨成泥备用。
2. 土豆去皮后蒸熟，磨泥。
3. 蛋黄中加入土豆、香蕉拌匀，再把香瓜丁放入蒸锅中，蒸熟即可。

适合：7 到 9 个月宝宝

西兰花
炖苹果

材料 · · · · · · · · · · · · · · · · ·

西兰花 20 克
苹果 25 克
水淀粉 5 毫升

小常识

西兰花属十字花科类，含
有丰富的维生素和植物纤
维，营养价值非常高。品
质好的西兰花，其根部切
断面潮湿，且花朵密实不
松散。

做法

1. 苹果去皮，磨成泥；西兰花烫熟后，剁碎。
2. 锅中放入苹果和西兰花一起炖煮。
3. 倒入水淀粉不停搅拌，直到呈现适当浓稠度即可。

适合：7 到 9 个月宝宝

白菜清汤面

材料 · · · · · · · · · · · · · · · ·

面条 30 克
白菜 10 克
海带高汤适量

小常识

白菜含丰富的维生素C、钙、磷和铁等微量元素，对消化不良或便秘的宝宝十分有益。由于白菜寒凉，对于燥热的宝宝，白菜还能帮助消化。

做法

1. 白菜洗净，切小丁。
2. 将面条切小段，放入滚水中，煮熟后捞出备用。
3. 白菜放进海带高汤里，煮软后，加入面条再次沸腾即可。

适合：7 到 9 个月宝宝

菜豆
三文鱼稀粥

材料 ·················

白米粥 60 克
三文鱼 20 克
菜豆 15 克

小常识

三文鱼含有蛋白质、B族维生素、维生素D和维生素E、Ω-3脂肪酸、钙、铁等丰富营养素，是很棒的食材，常用来做成生鱼片，不过生鱼片最好经过冷冻杀菌，否则可能吃进寄生虫。过敏体质的人不宜多吃三文鱼，一旦超量，很可能引起湿疹。

做法

1. 三文鱼洗净、汆烫后，去鱼皮，捣碎备用。
2. 菜豆洗净、焯烫后，捣碎备用。
3. 加热白米粥后，加入三文鱼和菜豆，改用小火熬煮片刻即可。

适合：7 到 9 个月宝宝

胡萝卜甜粥

材料 · · · · · · · · · · · · · · · · ·

白米饭 30 克
苹果 15 克
胡萝卜 15 克

小常识

胡萝卜富含可在体内转化成维生素A的 β –胡萝卜素，可以保护细胞黏膜及提高身体抵抗力。

做法

1. 苹果磨成泥，备用。
2. 胡萝卜去皮，蒸熟后磨泥备用。
3. 锅中放入白米饭，加入适量水，用小火熬煮，同时不停搅拌。
4. 待米粒软烂后，放入其苹果泥、胡萝卜泥拌匀即可。

适合：7 到 9 个月宝宝

南瓜豆腐泥

材料 . . . .

南瓜 20 克
嫩豆腐 50 克
蛋黄 1 个

小常识

豆腐营养丰富，很适合用来制作宝宝的离乳食。南瓜可为宝宝提供丰富的胡萝卜素、B族维生素、维生素C、蛋白质等优质营养素。

做法

1. 南瓜洗净、去皮，切小丁；嫩豆腐捣碎备用。
2. 在锅内倒入适量水和南瓜丁炖煮，直到南瓜变软，再将嫩豆腐加进去，边煮边搅拌，煮熟后装碗。
3. 将蛋黄打散，加入碗中即可。

适合：7到9个月宝宝

芝麻糙米粥

材料 · · · · · · · · · · · · · · ·

白米粥 30 克
糙米粥 15 克
南瓜 20 克
芝麻 10 克

小常识

芝麻含亚麻油酸、亚油酸、棕榈油等不饱和脂肪酸，还含有维生素E，对宝宝大脑的发育有很好的帮助。糙米含有较多的B族维生素，其纤维质是白米的三倍，可帮助消化，因此对预防便秘有很好的帮助。

做法

1. 把白米粥和糙米粥混合加热。
2. 洗净南瓜，蒸熟后去皮、磨成泥。
3. 芝麻放入捣碎器内磨碎。
4. 在米粥中加入磨碎的芝麻和南瓜，稍煮片刻即可。

扫一扫！

红薯紫米粥

材料 · · · · · · · ·

白米粥 60 克
紫米 15 克
红薯 20 克

做法 · · · · · · · · · · · · · · · · · ·

1. 红薯去皮，蒸熟后捣碎。
2. 白米粥放入锅中加热，并加入磨碎的紫米。
3. 最后将红薯泥放入煮好的粥里拌匀，再煮沸一次即可。

鸡肉南瓜粥

材料 · · · · · · · ·

白米粥 60 克
鸡胸肉 20 克
南瓜 20 克
鸡高汤适量

做法 · · · · · · · · · · · · · · · · · ·

1. 鸡胸肉煮熟后，剁碎。南瓜去皮、蒸熟后，剁碎。
2. 鸡高汤入锅，和适量水、米粥一起煮开，再放入鸡胸肉碎末，以中火继续熬煮。
3. 待米粥浓稠后，加入南瓜碎末稍煮片刻即可。

适合：7到9个月宝宝

橙汁拌豆腐

材料 ·················

嫩豆腐 25 克
橙子 50 克
水淀粉 5 毫升

小常识

豆腐是黄豆加工食品，味道清淡、易消化，含有蛋白质，适合当做宝宝离乳食材。橙子含有丰富的维生素C，可预防感冒，其味道酸甜，还可增加宝宝食欲。有些宝宝可能不喜欢橙子的酸味，建议搭配原味优酪乳来作使用。

做法

1. 将嫩豆腐放入沸水中煮熟。
2. 橙子榨汁备用。
3. 将橙汁和适量水倒入锅中煮沸，再倒入调好的水淀粉搅拌均匀。
4. 最后把豆腐盛在碗中，淋上调好的橙汁即可食用。

适合：7 到 9 个月宝宝

南瓜
蛤蜊浓汤

材料 · · · · · · · · · · · · · · · ·

南瓜 20 克
蛤蜊肉 3 个
配方奶粉 10 克
鸡肉高汤适量

小常识

南瓜的营养成分很高，是维生素A的优质来源之一，可促进视神经发育。蛤蜊属性偏寒，因此，脾胃虚寒的宝宝不宜多吃。

做法

1. 将南瓜洗净、去皮，蒸熟后磨成泥。
2. 蛤蜊洗净、氽烫后，取出蛤蜊肉剁碎备用。
3. 配方奶粉加入少量开水，调成奶水。
4. 在小锅内，放入适量水、鸡肉高汤、南瓜泥、剁碎的蛤蜊肉和配方奶水，用小火煮开即可。

适合：7到9个月宝宝

红薯鸡肉粥

材料

白米粥 60 克
红薯 20 克
鸡肉汤 60 克
鸡胸肉 15 克

小常识

鸡胸肉易消化吸收，其B族维生素含量很高，能缓解疲劳、保护皮肤；并富含必需氨基酸，有助于宝宝成长发育和大脑活动。选购鸡肉时，以肉质结实弹性、粉嫩光泽为佳，需煮至熟透再食用。

做法

1. 把鸡胸肉放入开水中煮熟后，捣碎，鸡肉汤留着备用。
2. 切掉红薯头尾各3厘米，去皮后切块，把红薯块放入锅里蒸熟，趁热捣碎。
3. 把鸡肉汤放入白米粥中一起熬煮，煮开后改小火，放入捣碎的红薯和鸡胸肉，熬煮一会即可。

扫一扫!

适合：7到9个月宝宝

银杏
板栗鸡蛋粥

材料· · · · · · · · · · · · · · · ·

白米饭 30 克
银杏 2 个
红枣 1 个
板栗 1 个
煮熟的蛋黄半个

小常识

红枣吃多了，宝宝可能
出现肚子胀气或腹泻的
现象，建议妈妈一天喂
食一次。

做法

1. 银杏煮熟后，去皮、剁碎；红枣洗净后，去籽再剁碎。

2. 将板栗煮熟后，去皮并磨成泥；再把鸡蛋水煮后，取出蛋黄备用。

3. 将白米饭和适量水一起熬煮，煮沸时加入红枣，待粥变得浓稠时，加入银杏、板栗泥和蛋黄，搅拌均匀即可。

适合：7 到 9 个月宝宝

薏仁南瓜鳕鱼粥

材料

白米稀粥 60 克
鳕鱼肉 15 克
南瓜 10 克
薏仁粉 5 克

小常识

薏仁含丰富的碳水化合物、蛋白质、B族维生素等，具有利尿、消炎、镇痛等作用。南瓜含丰富的维生素A、B族维生素，可强化黏膜，对宝宝的视力非常有帮助。也可用薏仁取代薏仁粉，但在煮之前，需先浸泡一段时间，才容易煮软，并且需磨碎，才能给宝宝食用。

做法

1. 鳕鱼去刺、剥皮后，剁碎备用。
2. 南瓜洗净、去皮，剁碎备用。
3. 在锅中放入白米稀粥，煮沸后加入剁碎的南瓜，南瓜煮软后，再放入鳕鱼肉煮熟。
4. 最后加入薏仁粉，搅拌均匀即可。

扫一扫！

适合：7 到 9 个月宝宝

丝瓜瘦肉粥

材料 · · · · · · · · **做法** · · · · · · · ·

白米饭 30 克
丝瓜 50 克
瘦肉 40 克

1. 将白米饭加适量水，熬煮成稀粥。
2. 丝瓜洗净、去皮，切碎。
3. 将瘦肉、丝瓜放入稀粥中，煮开即完成。

适合：7 到 9 个月宝宝

西兰花牛奶粥

材料 · · · · · · · **做法** · · · · · · ·

白米粥 60 克
奶粉 10 克
西兰花 10 克

1. 洗净西兰花，用开水焯烫后，去梗、切碎。
2. 加热白米粥，放入西兰花碎，再倒入用温水调好的奶粉，稍煮一会即完成。

适合：7 到 9 个月宝宝

鳕鱼西兰花粥

材料 · · · · · · · · · · · · · · · ·

白米粥 60 克
鳕鱼 1 块
西兰花适量
薏仁粉 30 克

小常识

虽然西兰花有益健康，但并不是鼓励大量食用，跟西兰花同属十字花科的包菜、甘蓝菜同样具备类似功效，饮食均衡才是最佳选择。

做法

1. 鳕鱼洗净、煮熟后，去除鱼刺和鱼皮，并捣碎鱼肉。
2. 西兰花洗净、焯烫后，取花蕾部分剁碎备用。
3. 加热白米粥，将西兰花碎末放进粥里，用小火稍煮片刻，再加入鳕鱼碎末和薏仁粉，搅拌均匀后即可关火。

适合：7 到 9 个月宝宝

金枪鱼浓汤

材料

金枪鱼 20 克
菠菜 5 克
高汤 45 毫升
鲜奶 45 毫升
水淀粉 5 毫升
食用油适量

小常识

金枪鱼含有优质的EPA和DHA，前者可促进血液流通、预防动脉硬化、增加良性胆固醇和减少中性脂肪；后者可活化脑细胞，降低胆固醇及建立视网膜，都是对宝宝成长发育极佳的食材。选购金枪鱼时，若鱼肉呈现黄褐或黑褐色，则表示不够新鲜，尽量不要购买。

做法

1. 金枪鱼煮熟后，切碎；菠菜去根，洗净后，取叶片部分切碎。
2. 热油锅，将菠菜、金枪鱼略炒一下。
3. 将炒过的食材倒入鲜奶和高汤中煮软，最后再加入水淀粉勾芡即可。

适合：7 到 9 个月宝宝

豌豆
洋菇芝士粥

材料 · · · · · · · · · · · · · ·

白米粥 60 克
豌豆 10 粒
洋菇 10 克
原味芝士 1/2 片

小常识

新鲜的豌豆含有丰富的淀粉和蛋白质，能使体内碱性化。芝士属乳制品，含丰富蛋白质及脂肪，比鲜奶容易消化，断乳中期的宝宝可以开始食用，但必须选择原味的。

做法

1. 煮熟的豌豆去皮，磨碎；洋菇洗净，剁碎。
2. 将白米粥加热，加入豌豆和洋菇拌煮，等洋菇软烂后再放入芝士，拌匀即可。

适合：7 到 9 个月宝宝

丁香鱼
菠菜粥

材料 · · · · · · · · · · · · · · ·

泡好的白米 15 克
丁香鱼 20 克
菠菜 10 克
芝麻油少许
海带高汤 90 毫升

小常识

丁香鱼含有丰富钙质，
能促进宝宝的骨骼成长
发育。购买时不要选择
颜色过白的。

做法

1. 白米磨碎；菠菜焯烫后切碎备用。
2. 丁香鱼放入滤网中，用开水冲洗，去掉盐分。
3. 锅中放入海带高汤和白米熬煮成粥，再放入丁香鱼、菠菜略煮。
4. 最后滴上芝麻油拌匀即可。

适合：7到9个月宝宝

芝士豌豆粥

材料 · · · · · · · · · · · · · ·

白米粥 60 克
豌豆 20 克
豆腐 10 克
原味芝士 1/2 片

小常识

豌豆富含蛋白质、胆碱、叶酸、维生素B_1和维生素B_6等，并且能改善宝宝的腹泻症状。芝士含有丰富的脂溶性维生素，如维生素A、B族维生素、维生素D、维生素E，以及钠、磷等矿物质，其中磷可以帮助钙的吸收。芝士是钙质的一大来源，几百克的芝士就能提供大量饮食所得的钙含量，因此芝士对于发育中的宝宝而言，是很好的补充钙的来源，甚至比利用牛奶来摄取钙质的效果更佳。

做法

1. 豆腐放入滚水中烫熟后，捣碎备用。
2. 将豌豆煮熟后去皮，磨成豌豆泥。
3. 加热白米粥之后，放入豌豆泥和豆腐泥，用小火再煮片刻，煮滚后加入芝士，待其溶化即可。

扫一扫！

适合：7 到 9 个月宝宝

海带芽
瘦肉粥

材料 ·················

白米饭 30 克
猪绞肉 15 克
泡开的海带芽 5 克

小常识

海带芽含有丰富的蛋白质、碳水化合物及矿物质等营养素，如海藻酸、食物纤维、生理活性物质和碘、钾、钙等微量元素，对宝宝的智力发育、骨骼强健都大有帮助，很适合作为断乳中期的食材之一。为使宝宝方便吞咽，海带芽泡开后去除硬实的茎部，只取其嫩叶使用。

做法

1. 海带芽泡开，取其嫩叶部分切碎。
2. 白米饭加适量水熬煮成粥，再放入海带芽、猪绞肉，煮至肉熟即可。

适合：7 到 9 个月宝宝

吐司
玉米浓汤

材料

吐司 1/2 片
花菜 2 朵
玉米酱 30 克
鲜奶 50 毫升

小常识

花菜富含维生素C、β-胡萝卜素、食物纤维等营养素，很适合制作断乳食，是具有代表性的健康食材。宝宝在断乳中期时，已可渐渐接受较多的菜色，妈妈可酌量加入成人饮食，但需牢记两个原则：烹煮软嫩及维持食物原味，不多加调味。

做法

1. 吐司去边，切成 1 厘米大小。
2. 花菜洗净，煮软后剁碎。
3. 锅中放入适量水和鲜奶加热，再将玉米酱和吐司、花菜放入。
4. 边搅拌边用中小火煮至沸腾即可。

适合：7 到 9 个月宝宝

糙米黑豆杏仁稀粥

材料 · · · · · · · · · · · · · · · · ·

白米 45 克
紫米 15 克
糙米 15 克
黑豆粉 15 克
杏仁粉 15 克

小常识

糙米含有较多的B族维生素，虽有不易消化的缺点，但纤维质却是白米的三倍，因此对预防便秘非常有效。紫米能够调节身体机能，强化免疫力、预防疾病，体质虚弱的宝宝可以多食。以上两者和黑豆都是很好的谷物，但有不易消化的缺点，所以在熬煮前先磨碎，能够帮助宝宝肠胃消化吸收。

做法

1. 把白米、糙米、紫米搅碎，加水熬煮成粥。
2. 将黑豆粉、杏仁粉加入粥里熬煮，让所有食材味道融合即可。

扫一扫!

适合：7 到 9 个月宝宝

香蕉
三文鱼稀粥

材料 . . . .

米糊 60 克
香蕉 20 克
三文鱼 20 克

小常识

三文鱼含丰富的蛋白质、脂肪、维生素及大脑发育所需的DHA，具有提高宝宝集中力和记忆力的效果。香蕉相当容易变色，建议在进行烹调前，用叉子捣碎或用筛子过滤。

做法

1. 三文鱼洗净、氽烫，去鱼皮后放入捣碎器中捣碎，拣去鱼刺备用。
2. 香蕉剥皮后，放入捣碎器中捣碎。
3. 锅中放入米糊加热，再放入捣碎的香蕉及三文鱼，一边搅拌一边熬煮即可。

适合：7到9个月宝宝

豌豆
土豆粥

材料 · · · · · · · · · · · · · · · ·

白米粥60克
土豆10克
豌豆5克

小常识

豌豆含有许多营养素，其中，铜能增进宝宝的造血机能，帮助骨骼和大脑发育；维生素C更是名列所有豆类的榜首。

做法

1. 土豆蒸熟后，去皮、捣成泥。
2. 豌豆煮熟后，去皮、捣碎。
3. 将白米粥加热，再放入捣碎的土豆泥和豌豆泥熬煮，待粥变得浓稠后即可关火。

适合：7 到 9 个月宝宝

牛肉
秀珍菇粥

材料

白米粥 60 克
秀珍菇 2 朵
牛肉末 20 克
海苔 1 片
芝麻少许
高汤 30 毫升

小常识

牛肉含有维生素A和B族维生素，还含有丰富的铁质、蛋白质、氨基酸、糖类，在宝宝生长发育时期可多加补充。高汤建议采用海带汤，使用鳀鱼汤虽富含钙质，但盐分过高，不宜让宝宝食用过量。

做法

1. 将白米粥加热，加入高汤一起熬煮。
2. 秀珍菇洗净，切碎；海苔稍微烤过，捏碎。
3. 将芝麻放入研磨器内，磨成粉状。
4. 依序将牛肉末、秀珍菇、芝麻加入粥内，待煮滚后，放入碎海苔，稍煮片刻即可。

香菇白肉粥

材料 · · · · · · · · · · · · · · ·

白米粥 60 克
鸡胸肉 20 克
干香菇 2 朵
食用油少许
海带高汤 45 毫升

小常识

香菇与海带汤一起熬煮食用，可以提高钙质吸收率，促进宝宝骨骼生长。鸡胸肉味道清甜，肉质柔嫩，而且脂肪极少，对宝宝来说是很好的食物。建议先将鸡肉泥与碎香菇在锅内翻炒，如此可以释放食材的香味，让米粥味道更香浓。

做法

1. 干香菇泡软，切碎；鸡胸肉汆烫后，取出切碎。
2. 热油锅，加入鸡肉泥、碎香菇翻炒，再倒入海带高汤和白米粥，熬煮成稠状即完成。

适合：7到9个月宝宝

西红柿牛肉粥

材料 ·················

白米粥 60 克
牛肉末 20 克
西红柿 50 克
土豆 50 克
高汤 60 毫升

小常识

牛肉含有丰富的蛋白质，对宝宝的发育成长有很大的帮助。而西红柿富含茄红素、类胡萝卜素、维生素A、B族维生素、维生素C等营养素，可保护眼睛、增进食欲，以及帮助消化。

做法

1. 土豆蒸熟后，去皮、磨泥。
2. 西红柿用开水焯烫后，去皮、去籽，再剁细碎。
3. 锅中放入高汤和白米粥煮滚，再放入牛肉末、西红柿碎熬煮一下，最后放入土豆泥搅拌均匀，略煮即可。

适合：7 到 9 个月宝宝

综合水果鱼

白肉鲜鱼 25 克
综合水果 20 克

小常识

鲜鱼肉脂肪低，肉质软嫩
又无腥味，适合宝宝入
口。另外，鲜鱼在洗净、
切块后，撒些许盐后用塑
胶袋裹紧，放入冷冻室里
保存，便可方便下次使
用。在水果的选用上，可
挑选当季盛产水果，不仅
让宝宝食用时增添口感，
更饱含丰富营养素。

做法

1. 鲜鱼蒸熟，去皮和刺，切碎备用。
2. 当季综合水果洗净，切小丁。
3. 锅中加适量水煮沸，放入综合水果丁，煮成水果泥汁，再淋入鱼泥中即可。

适合：7到9个月宝宝

水梨
胡萝卜粥

材料·················

白米饭 30 克
水梨 15 克
胡萝卜 15 克

小常识

胡萝卜除了含有在体内可转化为维生素A的 β –胡萝卜素之外，还含有很高的钾和植物纤维，适合成长中的宝宝食用。

做法

1. 水梨洗净后，去皮、磨成泥；胡萝卜去皮、蒸熟后，磨泥备用。
2. 小锅中放入白米饭和适量水熬煮成粥。
3. 最后放入胡萝卜泥和水梨泥拌匀，即可关火。

木瓜泥

材料 · · · · · · · · **做法** · · · · · · · · · · · · · · · · · ·

木瓜 50 克

1. 木瓜洗净，去籽、皮后，切成小丁。
2. 放入碗内，然后用小汤匙压成泥状即可。

适合：7 到 9 个月宝宝

香橙南瓜糊

材料 · · · · · · · · **做法** · · · · · · · · · · · · · · · ·

南瓜 20 克
橙汁 30 克

1. 蒸熟后的南瓜去皮，趁热磨成泥。
2. 将南瓜泥与橙汁放入锅中搅拌均匀，煮开即可。

适合：7 到 9 个月宝宝

菠菜
优酪乳

材料 · · · · · · · · · · · · · · · · ·

菠菜 2~3 片
原味优酪乳 50 克

小常识

菠菜所含的胡萝卜素，在人体内转变成维生素A，能维护正常视力和上皮细胞的健康，促进儿童生长发育。

做法

1. 菠菜取其嫩叶部分，用开水烫熟后挤干水分，切末。
2. 将原味优酪乳和菠菜末拌匀，即可食用。

适合：7 到 9 个月宝宝

芝麻
优酪乳米粥

材料·················

白米粥 60 克
芝麻 10 克
优酪乳 50 克

小常识

优酪乳可促进宝宝肠胃功能及增加肠胃道里的益菌，加强消化排泄系统。黑芝麻成分有一半是脂肪，含亚麻油酸、亚油酸、棕榈油酸等不饱和脂肪酸等，有益于宝宝脑部的发育成长。白米粥好消化，其中的碱性成分能中和优酪乳部分的酸度，使其酸度降低，有利于宝宝入口。

做法

1. 芝麻磨成芝麻粉备用。
2. 将白米粥加热，加入优酪乳、芝麻粉，搅拌均匀即可关火。

适合：7 到 9 个月宝宝

红薯板栗粥

材料 · · · · · · · · · · · · · · · ·

白米粥 60 克
红薯 15 克
板栗 2 个
菠菜 10 克
高汤 30 毫升

小常识

红薯是淀粉类的食物来源，属于高纤食物，可健胃益气，预防宝宝便秘，且富含 β－胡萝卜素，以断乳食材来说是不错的选择。不过，红薯含有较高的钾离子成分，肾功能较差的宝宝不宜过量食用。挑选红薯时，选用形体完整、表面无凹凸不平、无皱纹、无发芽者为佳。

做法

1. 菠菜用开水焯烫后，切成细末。
2. 红薯和板栗去皮、蒸熟后，放入研磨器内磨成泥。
3. 高汤放入白米粥内一起熬煮，煮滚后将红薯泥、板栗泥放入锅中，再放入菠菜一起熬煮即可。

适合：7 到 9 个月宝宝

栗香黑豆粥

材料 · · · · · · · · · · · ·

白米粥 60 克
板栗 3 个
黑豆 5 粒
胡萝卜 5 克
上海青 10 克

小常识

板栗含有丰富的维生素和矿物质，对肌肉有益，而且让板栗变黄的类胡萝卜素，一旦进入人体就会转换为维生素A，使皮肤变得光泽。黑豆可先用烤箱略烤一下，较易去皮。另外要注意，不宜让宝宝将黑豆与茄子、小白菜同时食用。

做法

1. 板栗去皮、蒸熟后，用研磨器磨碎；黑豆去皮后，用搅拌器磨成粉。
2. 胡萝卜去皮，蒸熟后磨成泥；上海青洗净，切碎。
3. 加热白米粥后，放入上海青碎、胡萝卜泥、板栗泥和黑豆粉均匀搅拌，熬煮至上海青熟软即可起锅。

适合：7 到 9 个月宝宝

鲷鱼
玉米片糊

材料 ·················

鲷鱼 10 克
玉米片 30 克

小常识

鲷鱼属白肉鱼，含有丰富的蛋白质、烟碱酸，脂肪含量少，可帮助血液循环，又因肉质软嫩，有利于宝宝吞咽。鲜鱼若是一次无法用完，在烹煮前，先分段切好，再分装冷冻保存，下回使用前，取出解冻即可。

做法

1. 鲷鱼煮熟后，去鱼刺、剁碎备用。
2. 磨碎玉米片。
3. 锅中放入 30 毫升水，煮沸后放入鲷鱼碎肉和玉米片，再次煮沸成糊状即可。

鳕鱼南瓜粥

材料 • • • • • • •

白米饭 30 克
鳕鱼肉 20 克
南瓜 15 克
洋葱 15 克
海带汤适量

做法 • • • • • • •

1. 鳕鱼蒸熟后，取出并除去皮、刺，接着捣碎备用。

2. 南瓜、洋葱分别洗净后，去皮、剁碎备用。

3. 在锅中放入白米饭、适量水与海带汤熬煮成粥，沸腾后，再放入南瓜和洋葱一起熬煮，待食材熟透后，放入鳕鱼肉搅拌均匀即可。

紫米南瓜粥

材料 • • • • • • •

白米粥 45 克
南瓜 20 克
豌豆 5 粒
杏仁粉 15 克
紫米 15 克

做法 • • • • • • •

1. 白米粥放入锅中，加入捣碎的紫米一起加热。

2. 将南瓜蒸熟后去皮、捣碎；豌豆焯烫后，去皮、磨碎。

3. 在白米粥中加入南瓜、豌豆与杏仁粉，搅拌均匀后稍煮片刻即可。

适合：7 到 9 个月宝宝

牛肉糊

材料 · · · · · · · · · · · · · · ·

泡开的白米 40 克
牛肉 30 克

小常识

牛肉的营养价值高，含丰富蛋白质、微量元素和铁质等，这些都是成长中的宝宝不可或缺的养分，除了能增加抵抗力及帮助骨骼发育外，还能补充大脑成长所需营养成分，因此牛肉在宝宝的发育期是很棒的食材。将泡开的米和牛肉放到锅里翻炒，再倒入水煮成糊，这时肉汁便会均匀流出，使味道更加浓郁。

做法

1. 牛肉去除脂肪和牛筋后，取其瘦肉捣碎。
2. 在锅里放入泡好的白米、碎牛肉和 45 毫升水一起翻炒，直至米粒变透明为止。
3. 倒入适量水，待牛肉米糊煮开后，改用小火慢炖，直至糊量减半后便可关火。
4. 牛肉米糊放凉后，再用搅拌机搅拌。
5. 将搅拌好的牛肉米糊用筛子过滤后，再放到锅里煮沸一次即可。

Part 4
宝宝最爱的后期离乳食

宝宝进入离乳后期，已经具备一定的咀嚼能力，妈妈可以从制作稠粥、半固体食物过渡到松软的固体食物或大块食物。在这个时期，除了食物形态的改变，妈妈还需要合理搭配各种食材，多在烹饪方法上进行创新，不仅要让宝宝吃饱，更要培养他的良好饮食习惯。

适合：10 到 12 个月宝宝

甜红薯丸子

材料

红薯 40 克
牛奶 25 毫升

小常识

红薯的营养成分十分丰富，除糖分外，还含有即使加热也不会被破坏的维生素C，另外还具备丰富的植物纤维，可避免宝宝产生便秘。红薯要挑选大而圆的形状，这个形状的红薯不仅口感松软，而且容易烹煮。另外，表面光滑无伤疤，颜色自然鲜艳的才是上品，而表皮带有斑点且凹凸不平的红薯会有苦味，并含有害成分。

做法

1. 将红薯洗净、去皮，蒸熟后压成泥。
2. 加入牛奶，搅拌均匀，揉成丸子状即可。

扫一扫!

适合：10 到 12 个月宝宝

南瓜羊羹

材料 · · · · · · · · · · · · · · · ·

南瓜 30 克
洋菜粉 5 克
牛奶 15 毫升

小常识

色泽偏红的南瓜含有茄红素，具备抗氧化的功效，能加强免疫功能和预防宝宝皮肤过敏或感冒。

做法

1. 南瓜去皮、去籽后，蒸熟、磨泥。

2. 锅中加入洋菜粉、牛奶和南瓜泥，边搅拌边煮，熬至洋菜粉完全溶化后放凉。

3. 将做法 2 的食材放入心形模具中并盛盘，再放进冰箱冷藏 1 至 2 个小时，待完全凝固取出脱模即可。

適合：10 到 12 个月宝宝

橙汁炖红薯

材料 · · · · · · · · · · · · · · ·

红薯 20 克
胡萝卜 20 克
橙汁 25 毫升

小常识

红薯含有多种营养素，包含丰富的膳食纤维及各种维生素，具有调理肠胃、改善便秘的功效，可帮助宝宝将身体废物大量排出。一般来说，食用红薯尽量配合自然规律作息来吃，由于下午以后身体的新陈代谢变差，红薯的糖分容易累积，因此，中午十二点以后建议不要再让宝宝食用红薯了。

做法

1. 将红薯和胡萝卜分别洗净、去皮，切成小丁状。
2. 锅中加橙汁和适量水，放入红薯、胡萝卜，煮至食材熟透后即可。

适合：10 到 12 个月宝宝

蔬果吐司蒸蛋

材料

吐司 1/2 片
哈密瓜 30 克
菠菜 10 克
鸡蛋 1 个
配方奶粉 45 克

小常识

哈密瓜含糖类、蛋白质、B族维生素、维生素C、胡萝卜素、磷、钠等营养成分，吃起来质脆水多，气味香甜，很适合作为宝宝的离乳食。

做法

1. 哈密瓜去皮、去籽后，切成小丁。
2. 吐司切成小丁；菠菜洗净，取叶子部分再切碎。
3. 将鸡蛋打散，混入配方奶粉中搅拌均匀，再倒入哈密瓜、菠菜和吐司混合后，放进蒸锅蒸熟即可。

秀珍菇莲子粥

材料 · · · · · · · · 做法 · · · · · · · ·

白米粥 75 克
秀珍菇 1 个
莲子 10 颗

1. 莲子洗净、去心、蒸熟后，压成莲子泥备用。

2. 秀珍菇洗净，焯烫后切碎。

3. 加热白米粥，放入秀珍菇、莲子一起熬煮即可。

香蕉蛋卷

材料 · · · · · · · · 做法 · · · · · · · ·

香蕉 40 克
蛋黄 1 个
芝士粉 5 克
面粉 5 克
奶油 5 克
蜂蜜 5 克
巧克力酱 5 克
食用油 5 毫升

1. 将蛋黄、芝士粉、面粉、奶油和适量水搅拌成面糊，放入热油锅中煎成蛋饼。

2. 将香蕉去皮、切薄片后，放入蛋饼中卷起来，再淋上蜂蜜、巧克力酱即可。

适合：10 到 12 个月宝宝

焗烤香蕉豆腐

材料 · · · · · · · · · · · · ·

香蕉 30 克
豆腐 20 克
儿童芝士 1/4 片

小常识

香蕉富含热量，宝宝吃完后会产生饱足感，其纤维素含量高，有助于消化排便。而香蕉所含糖质成分具备促进消化吸收的作用，可让消化功能较弱的宝宝活化消化系统。

做法

1. 香蕉剥皮后，切小丁。
2. 豆腐捣碎；芝士切碎。
3. 把香蕉、豆腐均匀搅拌后，放在焗烤专用容器里，铺放上芝士，放进微波炉里微波 3 分钟，或者选择放在 160℃预热的烤箱里，烤 10 分钟，两个方法都可行。
4. 待表面烤至金黄，取出即可。

扫一扫！

甜椒蔬菜饭

材料

白米饭 20 克
包菜 10 克
甜椒 5 克

小常识

甜椒对体弱的宝宝很有益处，与肉类、海鲜等食材搭配最好。红椒即使煮熟后也不易变色，但青椒会变色也会损坏维生素的成分，因此建议最后再加入烹煮。

做法

1. 将包菜、甜椒切碎。
2. 将白米饭放入锅中，和包菜、适量水一同熬煮，待粥煮开后，改用小火慢煮。
3. 熬煮至收汁后，放入甜椒稍煮片刻，再盖上锅盖焖煮片刻即可。

适合：10 到 12 个月宝宝

山药粥

材料

白米粥 75 克
山药 30 克
虾仁 1 只
葱花 5 克
海带高汤 60 毫升

小常识

山药含有多种氨基酸，被人体吸收后，能促使身体组织功能维持正常运作、代谢坏细胞。山药还因含有黏质多糖，进入胃肠道内，可促进蛋白质、淀粉的分解及吸收，对宝宝来说是很好的食材。

做法

1. 山药去皮、洗净后，切小块；虾仁去肠泥，洗净后切丁。
2. 锅中放入白米粥、海带高汤一起熬煮，再加入山药块、虾肉丁及葱花一起煮熟即可。

适合：10 到 12 个月宝宝

香菇蔬菜面

材料 · · · · · · · · · · · · · · · ·

鸡蛋面条 50 克
菠菜 20 克
香菇 5 克
木耳 5 克
鸡肉高汤 100 毫升

小常识

香菇由于蕴含多糖体，可以提高宝宝体内细胞的活力，进而增强人体免疫功能。宝宝在离乳初期可以将面条煮烂一点，等到离乳后期，便可以尝试稍微有口感一点的面条来引发宝宝的食欲，并且训练他的咀嚼及吞咽能力。

做法

1. 将鸡蛋面条切成小段；菠菜用开水焯烫后，沥干、剁碎；香菇洗净后，去蒂头、切碎；木耳洗净，剁碎。

2. 在锅中加入鸡肉高汤，煮沸后放入鸡蛋面条、木耳以及香菇，再转小火焖煮至烂，最后加入菠菜，熬煮片刻即可。

扫一扫!

126

适合：10 到 12 个月宝宝

菠菜
南瓜稀饭

材料 · · · · · · · · · · · · · ·

白米粥 75 克
南瓜 20 克
菠菜 10 克
豆芽 10 克
鸡蛋 1 个
芝麻少许
食用油少许

小常识

菠菜中不仅含有维生素、钙、铁等营养物质，还含有丰富的蛋白质，并具备调节宝宝胃肠功能及防治口角溃疡、口腔炎等功效。

做法

1. 南瓜洗净后，去皮、去籽，再切丁；菠菜焯烫后，剁碎备用；芝麻磨成粉。
2. 豆芽去掉头尾部分，切碎；鸡蛋取蛋黄部分。
3. 在锅中倒入食用油，放入南瓜翻炒一下，再下豆芽、适量水煨煮片刻。
4. 最后加入白米粥、菠菜，待南瓜熟软后加入蛋黄拌匀，盛盘后撒上芝麻粉即可。

洋菇黑豆粥

材料 ······· **做法** ·······

白米饭 20 克
黑豆 5 粒
洋菇 20 克
南瓜 20 克

1. 将洋菇洗净、去蒂，剁碎；南瓜去皮、去籽，切丁。

2. 起滚水锅，放入黑豆煮烂，再放进白米饭、适量水一起熬煮。

3. 等米粒膨胀后，加入洋菇和南瓜，煮至食材软烂即可。

蔬菜鸡蛋糕

材料 ······· **做法** ·······

蛋黄 1 个
香菇 1 朵
土豆 10 克
胡萝卜 10 克
洋葱 10 克
黄豆粉 5 克
核桃粉 5 克
海带汤 25 毫升

1. 香菇去蒂，剁碎；土豆去皮，切小丁；胡萝卜、洋葱分别去皮、切末。

2. 蛋黄打散，加入海带汤、香菇碎、土豆丁、胡萝卜末、洋葱末以及黄豆粉一起搅拌，放入容器里蒸熟，再撒上核桃粉即可。

适合：10 到 12 个月宝宝

香蕉泥
拌红薯

材料 ·················

红薯 15 克
香蕉 30 克
原味优酪乳 50 克

小常识

香蕉营养高、热量低，又有丰富的蛋白质、糖类、磷、钾、维生素A和维生素C以及膳食纤维，是相当好的营养食材。吃香蕉可以补充宝宝钾的不足，维持体内钾、钠和酸碱平衡，维持神经、肌肉的正常功能。

做法

1. 红薯洗净，蒸熟后去皮，切成小方块。
2. 香蕉用汤匙压成香蕉泥。
3. 将香蕉泥和原味优酪乳拌匀。
4. 将红薯块盛在盘中，再倒上香蕉泥即可。

扫一扫!

适合：10 到 12 个月宝宝

土豆
奶油饼

材料

土豆 10 克　　　沙拉油少许
西兰花 15 克
胡萝卜 10 克
原味芝士 1/2 片
水淀粉 2 毫升
奶粉 25 克
面粉 25 克

小常识

土豆营养成分很高，含钾
量是香蕉的两倍之多，对
改善宝宝气喘或过敏体
质，也有一定的功效。但
需要注意的是，土豆的芽
含有毒生物碱，食用后会
造成腹痛、头晕等症状。
在保存土豆时，若旁边放
置一个苹果，可以延迟其
发芽时间，因为苹果所产
生的乙烯气体有抑制土豆
发芽的功效。

做法

1. 土豆和胡萝卜去皮、蒸熟后，捣碎备用。

2. 西兰花焯烫后剁碎；芝士切小丁。

3. 将土豆、胡萝卜、西兰花、芝士放入碗中，加入水淀粉、奶粉、面粉搅拌均匀。

4. 锅中注油烧开，将拌匀的食材倒入锅中，做成圆饼状，用中小火煎至两面金黄即可。

适合：10 到 12 个月宝宝

南瓜芋丸

材料

南瓜 30 克
芋头 50 克
芹菜末少许
食用油少许

做法

1. 南瓜洗净、去皮、去籽后，蒸熟、磨泥；芹菜洗净，切碎。

2. 芋头洗净、去皮后，切块、蒸熟、磨泥，再揉成小丸子，放入油锅炸成芋丸。

3. 取小锅，放入适量水和南瓜泥煮沸，加入芋丸，最后撒上芹菜末即完成。

适合：10 到 12 个月宝宝

黑豆胡萝卜饭

材料

白米饭 30 克
胡萝卜 10 克
泡开的黑豆 5 克
豌豆 5 克

做法

1. 泡开的黑豆，用开水煮过一次后，再用冷水清洗，重新煮熟、切碎。

2. 煮熟的豌豆去皮后，切碎；胡萝卜洗净后，去皮、切碎。

3. 在锅中放入白米饭、黑豆、豌豆、胡萝卜和适量水煮开后，再改小火边煮边搅拌。

4. 待粥煮熟后关火，盖上锅盖，闷 5 分钟即可。

胡萝卜发糕

材料 · · · · · · · · · · · · · · · · · ·

胡萝卜 20 克
葡萄干 5 克
配方奶 30 毫升
鸡蛋 1/4 个
面粉 50 克
酵母粉 5 克
青豆少许

小常识

胡萝卜所含的木质素，可以提高宝宝的免疫力。

做法

1. 胡萝卜切小丁，煮软；葡萄干泡开，切碎；青豆洗净后，压碎、去皮。
2. 将配方奶、适量水、鸡蛋混合后，放入面粉、酵母粉搅拌，再将胡萝卜、葡萄干和青豆放入拌匀。
3. 拌好的食材放入铝箔模具里，用大火蒸 15 分钟即可。

适合：10 到 12 个月宝宝

鸡肉酱包菜

材料 · · · · · · · · · · · · · · · ·

鸡胸肉 50 克
包菜 10 克
胡萝卜 10 克
豌豆 5 粒
高汤 100 毫升
水淀粉 5 毫升

小常识

鸡肉能增强体力、强壮身体、保护皮肤；包菜含有极高营养成分，包含赖氨酸、B族维生素、维生素C、各种矿物质及丰富纤维素，对成长发育中的宝宝非常有益处，其中钙、铁、磷含量更是高居各类蔬菜中的前五名。

做法

1. 鸡胸肉煮熟，剁碎；包菜洗净，切细丝。
2. 胡萝卜去皮，切小丁；豌豆煮熟、去皮后，稍微压碎。
3. 锅中放进高汤、适量水、包菜和胡萝卜一起熬煮，再放入煮熟的碎鸡肉、豌豆，最后用水淀粉勾芡即可。

扫一扫！

适合：10 到 12 个月宝宝

山药鸡汤面

材料 · · · · · · · · · · · · · · · · ·

细面条 50 克
山药 30 克
白菜 20 克
胡萝卜 5 克
鸡肉高汤适量

小常识

山药含有多种氨基酸，被人体吸收后，可以促使身体组织功能维持正常运作、更新，以及代谢坏细胞。白菜能帮助消化、强化胃部，对消化不良、便秘的宝宝非常有益。若是宝宝手脚容易冰冷，可用菠菜替代白菜来使用，或是在汤里添加些微姜汁一起熬煮。

做法

1. 将细面条切成小段；白菜洗净，剁碎备用。
2. 山药和胡萝卜洗净后，去皮、剁碎。
3. 在锅中加入鸡肉高汤煮沸后，再下山药、胡萝卜熬煮片刻。
4. 最后将面条及白菜放入锅中，转小火焖煮至烂即可。

适合：10 到 12 个月宝宝

玉米排骨粥

材料 ·················

白米粥 75 克
玉米粒 10 克
猪排骨 20 克

小常识

为了怕宝宝不小心吞下骨头，在喂食之前，要先去除骨头，取下肉的部分烹煮。

做法

1. 将玉米粒洗净、捣碎；洗净猪排骨后，去骨取肉并汆烫，留汤备用，再将肉切成小丁。

2. 将汆烫的排骨汤汁煮沸后，放入白米粥、玉米粒、猪排肉，再用小火熬煮熟透即可。

适合：10到12个月宝宝

肉丸子

材料 . . . .

猪绞肉 35 克
葱花少许
鸡蛋半个
生粉 5 克
番茄酱 8 克
食用油适量
水淀粉适量

小常识

猪肉中所含的维生素B_1是
牛肉的十倍之多，但猪肉
油脂成分较高，作为离乳
食须慎选较瘦的部位使
用。不喜欢粥品的宝宝，
在离乳后期可给予较软的
饭，若是宝宝会用牙龈咀
嚼，便可以给予少许的固
态食物，训练宝宝咀嚼与
吞咽的能力。

做法

1. 鸡蛋打散后，加入猪绞肉、葱花和生粉混合搅拌，做成小肉丸子。
2. 热油锅，放入小肉丸子半煎炸至金黄色为止。
3. 小锅内放入番茄酱，加进水淀粉勾芡，再将芡汁淋在炸好的肉丸子上面即可。

适合：10 到 12 个月宝宝

牛蒡
鸡肉饭

材料 · · · · · · · · · · · · · · · · ·

白米粥 75 克，鸡胸肉
15 克，牛蒡 15 克

小常识

牛蒡用醋煮过后再清
洗，不但能防止变色，
还能赶走涩味及不易消
化的成分。

做法

1. 鸡胸肉切去薄膜、筋和脂肪，切小丁。
2. 牛蒡削皮后切碎，氽烫。
3. 在炒锅里倒入米粥、切碎的鸡肉和牛蒡，炒一下。
4. 再用小火煨煮，直至粥汁收干即可。

牛肉海带粥

材料 · · · · · · · · · · · · · ·

白米饭 30 克
牛肉 20 克
海带 15 克
高汤适量
芝麻油少许

小常识

牛肉含有丰富的蛋白质，能提高免疫力，对宝宝生长发育特别有益。海带在烹调前需除去盐分，方法是先浸泡5至6分钟，再以热水、凉水的顺序反复清洗几次。

做法

1. 牛肉切碎；海带洗净，切碎备用。
2. 锅中放入芝麻油，将碎牛肉略炒一下，再放入海带拌炒。
3. 待锅中食材煮熟后，再放入白米饭和高汤稍煮一下即可。

适合：10 到 12 个月宝宝

鳕鱼
紫米稀饭

材料 · · · · · · · · · · · · · · · ·

白米饭 20 克
紫米粥 15 克
鳕鱼 20 克

小常识

鳕鱼相较比目鱼脂肪含量更低，蛋白质较高，且肉质柔嫩、入口即化，是离乳食的首选食材。紫米中的膳食纤维，含量十分丰富，能帮助宝宝消化。

做法

1. 鳕鱼洗净、汆烫后，去除鱼刺、鱼皮，再切碎备用。
2. 白米饭加适量水、紫米粥一起熬煮成粥。
3. 最后把鳕鱼放进稀饭里搅拌均匀，稍煮一下即可。

适合：10 到 12 个月宝宝

火腿莲藕粥

材料·······

白米粥 75 克
莲藕 20 克
火腿 20 克
高汤 50 毫升

小常识

莲藕含有很高的碳水化合物，还富含淀粉、蛋白质、维生素C和维生素B$_1$以及钙、磷、铁等无机盐。莲藕易于消化，有促进血液循环、健胃、增进食欲等功效，对宝宝很好。

做法

1. 莲藕洗净、去皮，切细碎；火腿切成丁，用开水汆烫一下。
2. 锅中放入白米粥、高汤、莲藕和火腿，用大火煮沸，再转中火续煮至食材软烂即可。

适合：10 到 12 个月宝宝

胡萝卜炒蛋

材料 ········

鸡蛋半个
胡萝卜 20 克
配方奶 15 毫升
奶油适量

做法 ········

1. 将鸡蛋与配方奶一起打匀。
2. 胡萝卜洗净、去皮、切碎后，放入蒸锅蒸熟并取出。
3. 把胡萝卜末放入做法 1 的食材中并拌匀。
4. 平底锅加热，放入奶油融化后，再倒入做法 3 的食材，边搅拌边炒熟即可。

适合：10 到 12 个月宝宝

萝卜肉粥

材料 ········

白米粥 75 克
胡萝卜 10 克
牛肉片 20 克
南瓜 20 克
食用油少许

做法 ········

1. 胡萝卜、南瓜蒸熟，去皮、磨成泥。
2. 牛肉片切小丁备用。
3. 热油锅，放入牛肉片炒熟，再放入胡萝卜和南瓜略炒一下，最后加入白米粥，用小火煮开即可。

适合：10 到 12 个月宝宝

芹菜鸡肉粥

材料 · · · · · · · · · · · · · · · ·

白米粥 75 克
芹菜叶 10 克
鸡胸肉 20 克

小常识

芹菜是高纤维食物，而且胡萝卜素、维生素B_1、维生素C、蛋白质和钙都非常丰富。一般人吃芹菜时只吃茎不吃叶，其实芹菜叶中的营养成分要远远高于芹菜茎。营养学家曾对芹菜的茎和叶片进行营养成分的测试，发现芹菜叶片中有十项营养指标超过了茎。

做法

1. 鸡胸肉洗净、汆烫后，切碎备用。
2. 芹菜叶洗净，切碎。
3. 加热白米粥，放入鸡肉和芹菜叶煮熟即可。

适合：10 到 12 个月宝宝

牛肉
土豆炒饭

材料

白米饭 20 克
牛肉 20 克
土豆 20 克
鸡蛋半个
食用油少许

小常识

牛肉含有丰富的铁质，可预防缺铁性贫血；所含蛋白质、糖类容易被人体吸收，因此非常适合宝宝的生长发育阶段。

做法

1. 牛肉剁碎；鸡蛋打散，煎成蛋皮，再切碎。
2. 土豆去皮，切小丁备用。
3. 热油锅，将碎牛肉放进去炒，牛肉熟后再放入土豆拌炒。
4. 最后再放入白米饭，拌匀后，放入蛋皮，拌炒匀即可。

适合：10 到 12 个月宝宝

鲜肉油菜饭

材料 · · · · · · · · · · · · ·

白米饭 30 克
猪肉 20 克
油菜 10 克
高汤 75 毫升

小常识

猪肉能够提供宝宝所需的蛋白质、脂肪、维生素及矿物质，以修复组织、加强免疫力、维持器官功能。油菜则具有强化胃肠的功效。肉类吃多后容易造成血脂肪、胆固醇过高，但是摄取不足也会产生营养不良的副作用，因此肉类搭配蔬菜有互补的作用，让宝宝摄取到均衡的营养。

做法

1. 猪肉取无脂肪的部分，剁碎备用。
2. 油菜洗净，切碎。
3. 锅里倒入高汤及白米饭煮沸，再放入猪肉末，用大火稍煮片刻，再改用小火继续熬煮。
4. 待肉末全熟后，放入油菜末搅拌均匀，至汤汁稍微收干即可。

适合：10 到 12 个月宝宝

松子
三文鱼粥

材料 · · · · · · · · · · · · · · · · ·

白米粥 75 克
三文鱼肉 20 克
松子 15 克

小常识

松子既美味又营养，具有增强脑细胞代谢、促进和维护脑细胞神经功能的作用，因此能防止心血管疾病、健脑益智，有利于抗衰老、增强记忆力，对于生长发育迟缓的宝宝还有补肾益气、养血润肠、滋补健身的作用。

做法

1. 三文鱼肉用开水焯烫后，去鱼皮、捣碎，再除去鱼刺备用。
2. 松子洗净，捣碎备用。
3. 加热白米粥，放进松子和三文鱼均匀搅拌，再稍煮片刻即可。

鲜虾牛蒡稀饭

材料 · · · · · · · · · · · · · · ·

白米粥 75 克
虾仁 5 只
牛蒡 20 克

小常识

虾的营养极为丰富，所含蛋白质是鱼、蛋、奶的好几倍，肉质和鱼一样松软、易消化，是很适合给宝宝食用的营养品。牛蒡可以切片，晒干后可做成茶饮。但新鲜牛蒡不宜直接切片冲饮，由于牛蒡茶的营养功效需在高温下才会发挥出来，因此只有干牛蒡茶片才可以冲泡出营养成分。

做法

1. 虾仁洗净、去肠泥，用开水氽烫一下，再捣碎备用。
2. 牛蒡用清水洗净后，去皮、切丝、浸泡在清水里去除涩味，再用开水焯烫片刻，切末备用。
3. 加热白米粥，放入牛蒡、虾肉搅拌均匀，再稍微熬煮即可关火。

适合：10 到 12 个月宝宝

鸡肉洋菇饭

材料

白米饭 30 克
鸡肉 30 克
洋菇 10 克
上海青 10 克
奶油 5 克
高汤 50 毫升

小常识

洋菇热量低，又富含铁质等营养素，其蛋白质又极易为人体消化吸收，是营养价值很高的食材。

做法

1. 鸡肉洗净后去皮、煮熟，切成 5 毫米大小。
2. 洋菇洗净后，切成 5 毫米大小；上海青洗净、焯烫后，切成 5 毫米大小。
3. 热锅中加入奶油融化，先炒鸡肉，再加入洋菇继续炒。
4. 在小锅中放入白米饭、高汤，倒入炒好的鸡肉、洋菇熬煮一下。
5. 最后放入烫好的上海青，稍煮片刻即可。

豌豆薏仁粥

材料 ········· **做法** ·················

豌豆 15 克
裙带菜少许
薏仁 30 克

1. 薏仁洗净后，在凉水中浸泡 1 小时再熬煮。
2. 泡开的裙带菜切碎备用。
3. 薏仁煮熟软后，放入群带菜和豌豆再熬煮一会即可。

综合蒸蛋

材料 ········· **做法** ·················

蛋黄 1 个
绿色蔬菜适量
鸡胸肉 15 克
高汤 30 毫升

1. 鸡胸肉切小丁；蔬菜洗净，切碎。
2. 将高汤和蛋黄一起搅拌均匀，倒入碗中，并放入蔬菜和鸡肉丁，再将碗放入蒸锅中，蒸 15 分钟即可。

适合：10 到 12 个月宝宝

鸡肉
意大利炖饭

材料 ·············

白米饭 30 克
鸡胸肉 10 克
土豆 10 克
配方奶 25 毫升

小常识

制作副食品时，刀和砧板
应该依食材不同有所差
异。鸡肉富含蛋白质，可
经常准备给宝宝吃。

做法

1. 鸡胸肉洗净后，煮熟、剁碎；土豆蒸熟后，去皮、压碎备用。
2. 在锅里放入白米饭和适量水，用大火煮开后，改用小火边煮边搅拌。
3. 待锅中粥水所剩无几时，倒入配方奶均匀搅拌，即可关火。
4. 在耐热容器里，依序放入米饭、鸡胸肉、土豆，再放进微波炉微波 2 分钟即可。

适合：10 到 12 个月宝宝

鲜虾花菜

材料 · · · · · · · · · · · · · · · · ·

花菜 40 克
鲜虾 10 克
海带高汤适量

小常识

花菜营养丰富，含水量高，还能提高免疫功能，对宝宝有很大的益处。

做法

1. 花菜洗净后放入沸水中煮软，切碎。
2. 虾洗净后，去除肠泥、虾头，放入沸水中煮熟后，再剥壳、切碎。
3. 将虾仁、花菜和海带高汤一起熬煮，搅拌均匀即可。

适合：10 到 12 个月宝宝

牛肉松子粥

材料 · · · · · · · · · · · · · ·

泡好的白米 15 克
牛肉 20 克
南瓜 15 克
胡萝卜 8 克
松子粉 5 克
芝麻油少许
芝麻少许
盐少许

小常识

南瓜生长快速、产量高，是非常容易取得的高营养食材。另外，正在发育的宝宝应该多吃含有丰富蛋白质与铁质的牛肉，对成长有益。

做法

1. 白米磨碎；牛肉剁碎备用。
2. 南瓜清洗后剁碎；胡萝卜去皮、剁碎。
3. 锅中放入芝麻油、牛肉翻炒一下，再加入南瓜、胡萝卜略炒，放入白米及高汤熬煮成粥。
4. 最后加入松子粉、芝麻及盐，拌匀即可。

鲜虾玉米汤

材料 · · · · · · · **做法** · · · · · · ·

虾仁 5 个
玉米粒 15 克
西兰花 2 朵
西红柿末 15 克
高汤 75 克
食用油适量

1. 虾仁洗净、去肠泥，氽烫后捞出、切碎。

2. 西兰花洗净，切碎；玉米粒压碎。

3. 热油锅，放入虾仁、西兰花及玉米粒一起翻炒，再放入西红柿末、高汤一起熬煮，食材熟软后即完成。

适合：10 到 12 个月宝宝

豆腐蒸蛋

材料 · · · · · · · **做法** · · · · · · · · ·

鸡蛋 1 个
豆腐 40 克
时令蔬菜少许

1. 取时令蔬菜少许，洗净、切小丁；豆腐切小丁备用。

2. 鸡蛋打散。

3. 碗中放入鸡蛋液、蔬菜丁及豆腐搅拌均匀，再放进蒸锅中蒸熟即可。

适合：10 到 12 个月宝宝

银杏
三文鱼稀饭

材料 · · · · · · · · · · · · · · · ·

白米粥 75 克
三文鱼 15 克
韭菜 1 株
西兰花 1 朵
银杏粉 15 克

小常识

银杏的功效包含增强记忆力、促进血液循环，以及抗血小板凝集，还可预防心肌梗塞、心血管疾病的发生，对宝宝的健康非常有好处。

做法

1. 三文鱼用开水煮熟后，去鱼皮、捣碎，拣去鱼刺备用。
2. 韭菜洗净后，取其绿色部分切碎；西兰花洗净，取花蕊部分切碎备用。
3. 加热白米粥，放入三文鱼、西兰花、韭菜和银杏粉搅拌均匀，一起熬煮即可。

适合：10 到 12 个月宝宝

芝士风味
煎豆腐

材料 ·············

嫩豆腐 70 克
原味芝士 1 片
柠檬汁 15 毫升
橘子汁 30 毫升
鸡蛋 1 个
面粉适量
食用油适量

小常识

没用完的豆腐可放置在容器中，加入冷水覆盖过豆腐，再放入冰箱冷藏即可。芝士营养成分高，其中蛋白质甚至比鱼类蛋白质更佳，容易被分解吸收，非常适合宝宝食用。

做法

1. 豆腐切片后，沾上鸡蛋液，裹上面粉，放进热油锅中煎熟。
2. 将芝士和柠檬汁、橘子汁一起加热，搅拌均匀。
3. 煎熟的豆腐放入碗中，淋上煮熟的芝士酱汁即可。

适合：10 到 12 个月宝宝

金枪鱼蛋卷

材料 ·················

鸡蛋 1 个
金枪鱼 20 克
胡萝卜 10 克
菠菜 10 克
食用油少许

小常识

鸡蛋中含有维生素C之外的一切营养素，能增加宝宝的体力及脑力。鸡蛋因缺少维生素C，所以与含有丰富维生素C的蔬果一起料理，就会变成非常有营养的离乳食。金枪鱼含有的EPA和DHA，这些都无法在身体中合成，而且对宝宝大脑和视力发育非常有帮助，因此是宝宝离乳期的营养食材之一。

做法

1. 金枪鱼蒸熟后，压碎。
2. 菠菜焯烫后，切碎；胡萝卜去皮后，切成小丁状。
3. 取一锅，放入少许油加热，再下菠菜、胡萝卜和金枪鱼翻炒一下。
4. 另取平底锅放入少许油，倒入蛋液煎成蛋皮，再将炒好的食材放在蛋皮上并卷起，煎熟即可。

豌豆鸡肉稀饭

材料 · · · · · · · **做法** ·

白米粥 75 克
鸡胸肉 15 克
豌豆 5 个
菠菜 10 克
胡萝卜 10 克
食用油 5 毫升
高汤 50 毫升

1. 鸡胸肉切成小块；菠菜切碎；胡萝卜去皮，切小丁；豌豆对半切。

2. 热油锅，放入鸡肉、胡萝卜、菠菜和豌豆一起炒熟。

3. 最后再倒入白米粥和高汤，煮滚即完成。

适合：10 到 12 个月宝宝

小白菜核桃粥

材料 · · · · · · · **做法** · · · · · · · · · · · · · · · · · · ·

白米粥 75 克
小白菜 10 克
萝卜 10 克
胡萝卜 5 克
磨碎的核桃 15 克

1. 将小白菜洗净，切碎；胡萝卜、萝卜去皮，切碎。

2. 加热白米粥，放入处理好的小白菜、萝卜、胡萝卜及磨碎的核桃，煮熟即可。

适合：10 到 12 个月宝宝

牡蛎营养饭

材料 · · · · · · · · · · · · · · · · ·

白米饭 30 克
牡蛎 20 克
胡萝卜 5 克
洋葱 5 克
菠菜 5 克
水淀粉适量
食用油适量

小常识

牡蛎中有牛磺酸，有助于宝宝视网膜的发育和视力健康，其中维生素B_{12}所含钴元素，具有活跃造血的功能，更是预防恶性贫血所不可缺少的物质。

做法

1. 牡蛎洗净，切成小丁状。
2. 洋葱、胡萝卜去皮后，切成小丁；菠菜焯烫后，切细碎。
3. 锅中注油烧热，先炒牡蛎，再依序放入白米饭、胡萝卜、洋葱和菠菜翻炒，最后加入水淀粉拌匀即可。

鳕鱼
蔬菜乌龙面

材料 · · · · · · · · · · · · · · ·

鳕鱼肉 30 克
生乌龙面 40 克
大白菜嫩叶 20 克
胡萝卜 25 克
海带汤 200 毫升

小常识

鳕鱼含丰富的蛋白质、维生素 A、维生素 D、钙、DHA 等物质，易消化且口感软嫩，具备活化脑细胞的功能，能为离乳期的宝宝提供丰富的营养素，有益于宝宝发育成长。鳕鱼是白肉鱼的代表之一，在购买已切好的鳕鱼时，要注意先看切断面的颜色，肉质透明且呈淡粉色的才新鲜。

做法

1. 将鳕鱼肉放入沸水中煮熟，去除鱼皮、鱼刺，再捣碎备用。
2. 将大白菜嫩叶、胡萝卜洗净，切丝备用。
3. 乌龙面切成小段，用沸水煮熟后捞出，沥干水分备用。
4. 锅中加入海带汤、大白菜丝、胡萝卜丝、鳕鱼肉泥和乌龙面，煮至熟透即可。

适合：10 到 12 个月宝宝

鸡蛋南瓜面

材料 · · · · · · · · · · · · · ·

素面 30 克
鸡蛋 1 个
南瓜 15 克
高汤 75 毫升
食用油少许

小常识

鸡蛋是婴幼儿的理想食材，不仅取得方便，更拥有丰富营养素，因此，在制作离乳食物时经常被使用到。

做法

1. 鸡蛋打散，煎成蛋皮，再切成细丝；南瓜去皮、去籽，再切丝。
2. 锅中注油烧热，放入南瓜丝拌炒，待其熟软后取出备用。
3. 素面煮好后捞出，放入凉开水中浸泡一下，随即捞出、沥干及盛盘。
4. 高汤煮滚后淋在面条上，再放上南瓜丝、鸡蛋丝即可。

适合：10 到 12 个月宝宝

西兰花
土豆泥

材料· · · · · · · · · · · · · · · · ·

西兰花 30 克
土豆 30 克
猪肉 10 克
食用油适量

小常识

西兰花含有丰富的维生素C和纤维质，可以让宝宝皮肤变好，预防便秘；猪肉含丰富蛋白质，有助宝宝成长。

做法

1. 西兰花洗净，煮熟后切碎；土豆蒸熟后去皮，压成泥。
2. 猪肉切成小片，放入热油锅中炒熟后放入碗中，与土豆泥、西兰花碎混合拌匀即可。

适合：10 到 12 个月宝宝

白菜牡蛎稀饭

材料 · · · · · · · ·

白米饭 30 克
牡蛎 20 克
白菜 10 克
萝卜 10 克
海带高汤适量
盐少许

做法 · · · · · · · ·

1. 牡蛎在盐水中洗净，汆烫后剁碎。
2. 白菜洗净，切成 5 毫米大小；萝卜去皮，切成小丁状。
3. 白米饭放入海带高汤中熬煮成米粥，然后放入牡蛎、白菜、萝卜，继续熬煮熟透即可。

适合：10 到 12 个月宝宝

秀珍菇粥

材料 · · · · · · · ·

白米粥 75 克
秀珍菇 20 克

做法 ·

1. 秀珍菇洗净后，切小丁备用。
2. 白米粥加热，放入秀珍菇，以大火煮沸即可。

适合：10 到 12 个月宝宝

燕麦
核桃布丁

材料 · · · · · · · · · · · · · · · · ·

蛋黄 1 个
燕麦 10 克
香瓜 30 克
核桃 5 克
配方奶 50 毫升

小常识

核桃含有B族维生素、维生素E等营养素，不仅能给皮肤、头发提供养分，还能促进大脑活动。

做法

1. 燕麦泡水后加入配方奶中，再加入适量水一起熬煮。
2. 香瓜去皮、去籽后，切成小丁状；核桃磨成粉。
3. 在打散的蛋黄里，加入煮好的燕麦奶，再加入香瓜丁拌匀。
4. 将拌好的食材盛入碗里，再放进蒸锅里蒸熟，最后撒上核桃粉即可。

适合：10 到 12 个月宝宝

蔬菜土豆饼

材料 ·············

土豆 20 克
南瓜 20 克
胡萝卜 20 克
面粉 15 克
食用油少许

小常识

土豆富含维生素C、碳水化合物、B族维生素、钾和植物纤维等，煮熟后口感软绵，宝宝方便入口，是使用较多的离乳食材。

做法

1. 土豆洗净，切小块，蒸熟后去皮，用研磨器磨碎。
2. 南瓜和胡萝卜洗净、去皮，并切碎。
3. 碗中倒入土豆泥、面粉、南瓜末以及胡萝卜末，拌匀成面糊。
4. 平底锅注油烧热，放入面糊摊成饼，煎至两面金黄即可。

胡萝卜酱卷三明治

材料 ·················

吐司 2 片
胡萝卜 100 克
橙汁 50 毫升
柠檬汁 8 毫升
白糖适量

小常识

胡萝卜富含多种维生素、钙质、胡萝卜素及食物纤维，非常有益宝宝健康。

做法

1. 将胡萝卜去皮，蒸熟后磨泥；吐司去边，只取中间部分。
2. 将胡萝卜泥、橙汁、柠檬汁、白糖放入锅中，边搅拌边用小火煮成胡萝卜酱。
3. 在吐司上均匀地涂上胡萝卜酱，并卷起来。
4. 最后将吐司卷切小块即可。

适合：10 到 12 个月宝宝

鸡肉
番茄酱面

材料 . . . .

西红柿 100 克
鸡肉 30 克
芥菜 15 克
面条 30 克

小常识

西红柿富含茄红素、类胡萝卜素、维生素A、B族维生素及维生素C等，可保护宝宝的眼睛、增进食欲以及帮助消化。

做法

1. 锅中注水烧开，放入面条煮熟后捞出，切小段备用；芥菜洗净，切末。
2. 西红柿用开水焯烫后，去皮、去籽，压碎成泥状。
3. 鸡肉洗净、汆烫后，放入西红柿泥和适量水熬煮成鸡肉番茄酱，再加入芥菜稍煮片刻，最后将其淋在面条上即可。

Part 5
聪明宝宝养育小秘籍

宝宝一天天地成长不会等人，过了哺乳期，立即便进到离乳期，很多妈妈在这段过度期都会感到慌张和彷徨。其实宝宝进入离乳期是一件值得开心的事情，完全不需要担心，只要掌握几个小秘笈，养出聪明的健康宝宝再也不是梦想。

离乳初期宝宝的饮食重点

离乳初期，除了以熟悉味道和练习用汤匙为目标之外，不用限制饭量，让宝宝逐渐熟悉即可。

宝宝出生第四个月
是开始适应新食物的时期

新生宝宝的主要营养来源是母乳或配方奶，经过一段时间后，宝宝必须从母乳或配方奶之外的食物中摄取营养，离乳期就是宝宝学习进食日常食物的过渡期。宝宝的离乳期没有绝对固定的时间，专家认为宝宝出生四个月左右是开始离乳的最佳时间。

这个时候宝宝的体重已经有6到7千克，不但能模仿咀嚼动作，而且不会再将食物吐出，但有些宝宝则是要到出生5个月才会有上述表现，所以最好根据宝宝的具体发育情况来决定离乳的开始时间。

不过妈妈要特别注意的是，离乳期早启动不代表可以提升宝宝咀嚼或进食的本领，因此妈妈不要过于心急，应该视宝宝的状况来定进入离乳期的确切时间。

离乳食物无需调味

离乳初期是开启宝宝味觉新世界的关键时期，离乳食物要保持食物原有的味道，不要额外添加调味料。如果宝宝不喜欢离乳食，一直拒绝食用，这时候可以添加配方奶或果汁来增加宝宝的用餐兴趣。

宝宝觉得饥饿时，因为离乳食物不能马上填饱肚子而哭闹，可以在喂食离乳食物前，先让宝宝饮用适量的配方奶或母乳。经过一段时间后，可逐渐尝试宝宝饥饿时先喂离乳食物，这个过程大约需要1到2个月的时间。

让宝宝慢慢适应用小汤匙喂食

宝宝刚进入离乳期时，妈妈千万不要太过惊慌，由于这个时期宝宝的肠胃还无法立即适应新食物，因此即使看起来吃得很好，也有可能哪一天就会出现小毛病。宝宝从以往只吸吮母乳或配方奶到接受小汤匙喂食，可说是个巨大的变化，离乳初期应该以训练宝宝吞咽食物为主要目标，不用严格要求宝宝应吃下多少离乳食。

离乳期开始，大约只能喂1/4小匙，等到宝宝适应后，再逐渐加重喂食的分量，慢慢增加到1小匙，等到第三、第四天喂2小匙，如果宝宝没有出现什么异常反应，妈妈便可以隔两天增加一次喂食量。宝宝满六个月以后，可以每天进食两次离乳食，一次进食量约为成人汤匙的4到5匙。

喂食小秘诀

若是宝宝因为不喜欢汤匙喂食而哭闹，可以先暂停几天，但如果这种情形一直没有获得改善，宝宝还是无法学会吞咽食物，妈妈便要改变离乳食物的制作方法。

米粥是离乳的第一步

对于刚刚离乳的宝宝而言，米是最理想的食材。米粥的具体做法是，将米用水浸泡，磨成米粉，加水熬制成十倍粥。十倍粥是指米粉和水的比例为一比十的粥，米粥的材料也可以使用糙米，一定要用水充分浸泡后磨成米粉。

在喂食宝宝米粥的过程中，所用水分要逐渐减少到七倍粥、五倍粥的用水量。喂食1到2周后，若是宝宝没有过敏症状，就可以在米粥中添加蔬菜。较理想的蔬菜有红薯、扁豆、豌豆、胡萝卜以及菠菜等，其中，胡萝卜及菠菜最好等到离乳初期快结束的最后一个月再添加。

稀粥比较适合宝宝食用

刚进入离乳期的宝宝一般而言较难适应离乳食物，而且，不习惯用汤匙喂到嘴里的新食物，所以，妈妈第一次做离乳食物，尽量做成液态状态，随着离乳阶段的推进，逐渐减少食物中的含水量，做成类似优酪乳或面糊的流质食物。

如果宝宝还是经常吐出食物，那就需要更换食材，或将食物研磨得更细致，这时期的离乳食物最好不要出现颗粒状食物。

使用同一食材做好后，连续喂食3到4日

离乳初期，为了确切掌握宝宝对各种离乳食的反应，妈妈要使用同一种材料连续喂食3到4日，然后再改变食材的种类。每隔1到2周，妈妈可以在食谱中再添加一种蔬菜，这样出生6个月的宝宝便能吃到3到4种蔬菜了。

↑ 妈妈了解制作初期离乳食的几个准则，并准确掌握，可以让宝宝建立一个很棒的饮食习惯。

离乳初期Q&A

Question 01 如果宝宝总把食物含在口中而不咽下，应该怎么做？吃剩的离乳食物能否第二天再喂给宝宝吃？

若是宝宝将食物含在口中不咽下去，正好说明了宝宝嘴里的食物太多，或是食物不够松软，妈妈可以将食物做得更软烂些，以便宝宝食用。喂食宝宝的时候，一次不要喂食太多，以不超过1小匙为主。如果剩下的食物事先被分成好几份，宝宝未曾碰过，那样第二天再喂是可以的，但必须冷藏保存，第二天喂食前再煮一次。

Question 02 宝宝生病了，离乳中断一段时间，现在重新开始离乳，但宝宝不爱吃离乳食物了，怎么办？

宝宝生病后一定要花一段时间来恢复。如果宝宝拒绝吃离乳食物，千万不要硬喂，要继续喂食母乳或配方奶，等宝宝完全复原后，再来实施离乳计划。

Question 03 喂食离乳食的最佳时间是在什么时候呢？

喂宝宝离乳食物要和喂奶相配合，与其在早晨起床后或晚上睡觉前喂食离乳食物，倒不如在宝宝比较活跃的时候喂，例如在早上10点到11点之间第二次喂奶，同时再喂离乳食物。一旦定下喂离乳食的时间，就要尽量按时执行。如果喂奶时间不固定，就必需在离乳前先将喂奶时间调整得井然有序，这个时候每隔4小时让宝宝进食一次，对于一到时间就要吃奶的宝宝，可以先给离乳食物。

Question 04 若听说哪些食材容易引起宝宝的过敏反应，是否要全部避开？

爸妈们如果过多限制离乳食物的种类，对宝宝的生长发育极为不利。每个宝宝对食物的过敏来源本就不同，爸妈们可以在尝试喂食新食物后，观察宝宝的反应，如是否长小疹子或是嘴唇变鲜红、腹泻，若是出现这些现象便要及时咨询医生。

Question 05 可以每天给宝宝喂食两次相同的离乳食物吗？

虽然可以每天给宝宝喂食两次相同的离乳食物，但不建议。这样容易使宝宝对离乳食物产生厌倦，并且减少对各种食物的兴趣及体验次数，建议妈妈还是尽量在离乳食物上作些变化。

Question 06 可以为了让宝宝多吃几口而延长喂食时间吗？

如果喂离乳食物的时间过长，很容易让宝宝感到困乏，一般不要超过二十分钟，等喂完离乳食物后，再喂食母乳或配方奶，保证满足宝宝对营养的要求。离乳初期，因为离乳食物喂食量较少，所以不要减少母乳或配方奶的喂食量，将一顿量的奶全部喂足也没有关系。如果宝宝吃完离乳食物后不再想喝奶，就不要强迫宝宝喝奶了，每个宝宝对离乳食物的适应时间都不一样，有些宝宝一开始就会吞咽，有些宝宝一喂离乳食物就会吐。只要妈妈坚持下去，宝宝总能学会吞咽食物，只要宝宝对汤匙进食不反感，即使离乳食物喂食量没有增加，也无须着急。耐心实施离乳计划，总会成功的！

离乳中期宝宝的饮食重点

离乳中期，宝宝逐渐降低喝奶的比例与次数，由于宝宝已经学会了用舌头挤压食物，因此开始尝试各式各样的离乳食。

增加离乳食的种类，减少喂奶的次数

到了这个时期，妈妈要减少宝宝喂奶的次数，开始喂食捣烂的蔬菜泥或肉末等固体食物，部分宝宝9个月大就会食用面条或软饭了。妈妈在处理离乳食的时候，要把水果或蔬菜中的硬梗去除，并将鱼肉中的刺完全地清除干净，才不会导致宝宝吞咽时卡在喉咙造成伤害。妈妈在喂食宝宝的时候，可以事先准备好温开水在一旁，即时喂给宝宝饮用。离乳中期的宝宝喜欢用手抓取食物，妈妈可以视情况准备烤吐司、水果片以及煮熟的蔬菜片给宝宝拿取食用，增加宝宝的食欲。

离乳食物应做到营养均衡

离乳初期，宝宝一直在食用单一味道的食物，像是米粥、蔬菜泥或水果泥等，到了离乳中期，妈妈要让宝宝开始尝试不同的食物味道。离乳中期的食谱应该丰富而多样，除了米粥、蔬菜泥，还可以添加鸡胸肉、牛肉、白肉鱼等肉类，这些都是有利宝宝头脑发育的食物。同时，妈妈要注意谷物、蔬菜、肉类以及海鲜等食物的搭配是否均匀合理，这样宝宝不仅可以摄取足够而丰富的营养素，还能品尝不同的食物味道。另外，鸡蛋可能会造成宝宝的过敏现象，因此在宝宝满7个月前，最好只让其食用蛋黄，等宝宝过了8个月之后再吃蛋白。妈妈在使用蛋黄制作离乳食的时候，最好加入不同的料理手法及花样，才能成功引起宝宝对吃饭的兴趣，妈妈可以考虑将蛋黄压碎后放粥里，或是与其他食材搭配出新味道。

当宝宝想要抓取食物时，可引导他使用汤匙

离乳中期的宝宝已经慢慢适应离乳食物，不但能进食离乳食物，还能咀嚼细碎的食物并吞咽下去。这时候宝宝开始出现独立意识，希望自己可以抓食物来吃。7到9个月的宝宝对很多事情感到好奇，因此想要自己伸手感受食物的触感及温度。妈妈看到这种情形后，可以将自己预先准备好的宝宝专用汤匙放到宝宝手中，让他熟悉汤匙的使用。

喂食小秘诀

最好选择上午给宝宝喂离乳食，在配方奶或母乳间隔稍微喂些离乳食，可以加速宝宝适应离乳食物。喂食时间建议固定，才能让宝宝养成每天按时吃离乳食物的习惯。

以豆腐或果冻的硬度为宜

这个时期的宝宝逐渐可以咀嚼食物。宝宝的身体发育速度非常快，因此在离乳中期刚开始和结束，烹煮方式和喂食量都要随之改变。刚开始，要给宝宝喂食可以喝下去的流质食物，随着宝宝一天天地成长，逐渐减少食物中的水分，到离乳中期快结束时，就可以喂给宝宝稠糊状的食物了。

到了离乳中期，不但宝宝吞咽食物的速度会加快，而且能够熟练地用舌头来挤碎食物，妈妈可以在离乳食物中添加如同豆腐或果冻般硬度的块状食物。宝宝的离乳食以手指能够轻轻夹碎为主，在喂食的过程中仔细观察，若是宝宝吃得好，可以慢慢增加块状食物的用量或硬度。

用坚果和海带做离乳食物

妈妈可以将坚果磨成粉后添加在离乳食物中，还可以熬煮海带汤以及制作海带末来增添离乳食的营养。另外，海鱼虽然拥有丰富营养，但可能引发宝宝食物过敏现象，妈妈需要更密切观察宝宝的所有反应，一旦出现过敏反应，就要立即更换食谱。

离乳食物的味道浓度为成人食物的十分之一左右

虽然宝宝的离乳食一般来说无需调味，但在不影响食材原有味道的条件下，可以适当而极少量地使用酱油、盐以及白糖等调味料，以刺激宝宝的食欲。若是离乳食物味道过重，会增加宝宝肾及肠胃的负担，所以，妈妈在为离乳食物调味时，一定要掌握好调味的分量。一般来说，宝宝离乳食物味道的浓度，绝对不可超过成人食物的十分之一。

⬆ 宝宝进入离乳中期，可以尝试的食物种类变多了，妈妈可以多在烹调手法上下功夫，让宝宝吃得开心又健康。

离乳中期Q&A

Question 01 离乳中期相较初期，喂食次数需要增加吗？

宝宝进入离乳中期后，妈妈喂食离乳食的次数增加为每日2次，建议安排时间为上午10点第一次喂食，下午6点第二次喂食，上午和下午的喂食量相同即可，可将喂食量定在60毫升左右，之后再逐渐增加分量。到了宝宝九个月的时候，便可以增加到120毫升，若是宝宝一餐能吃这么多，就可将离乳食的次数增加至每日3次。

Question 02 母乳或配方奶在离乳中期扮演何种角色？

对离乳中期的宝宝来说，这阶段的离乳食因为根据宝宝的需求，为了方便吞咽，水分仍是占了大多数，宝宝的营养摄取仍然是不足的，因此，此阶段宝宝主要的营养来源仍是母乳或配方奶。

Question 03 离乳食的分量如何掌握较为合适？

对于离乳中期的宝宝而言，每次喂食分量以120毫升最为合适。宝宝开始接触有颗粒的食物时，用餐速度相较以往一定会显得较为缓慢，妈妈这时要有足够的耐心等待宝宝用舌头将食物挤碎及吞咽。如果离乳食的颗粒太大，会给宝宝的吞咽造成困难；分量太多，则会让宝宝吃得太累，因此妈妈在做离乳食的时候要注意，开始时多放流质或糊状食物，少放颗粒状食物，视宝宝的饮食状况再逐渐增加颗粒状食物。

Question 04　对宝宝来说，什么样的离乳食习惯才是最好的?

若是宝宝食用离乳食的量渐增，因为拥有饱足感，吃母乳和配方奶的分量较以往减少，就可以降低喂奶量，并将喂奶时间的间隔延长至4小时。刚开始宝宝很可能因为饥饿而在深夜醒来，这时候可加喂一次母乳或配方奶，等习惯养成之后，宝宝就会习惯一天5次的喂食方式。离乳中期，妈妈每天要定时喂食宝宝，并培养他养成一日两顿离乳食的习惯。根据进食时间，妈妈还可以带宝宝外出散步或活动，让宝宝去室外呼吸新鲜空气，然后再喂食，效果更好。

Question 05　宝宝长牙后就不用再训练吃饭了吗?

宝宝出牙后，自然就会用小牙咀嚼食物了，妈妈不用刻意训练宝宝吃饭，但是因为这个阶段宝宝的牙齿仍然没有完全长好，妈妈仍要为宝宝调整适宜的食物浓稠度。

Question 06　宝宝月龄增加，饭量却反倒变少，是出了什么问题?

如果宝宝一切健康，就算饭量减少些，妈妈也无需过于担忧。离乳中期，食物水分含量渐减，就算宝宝看起来吃得不如离乳初期多，但这个阶段离乳食物的营养绝对比初期更丰富。

Question 07　宝宝喜欢吃软饭，在宝宝7个月后喂食软饭是不是太早了?

宝宝满7个月之后便可以吃软饭，部分宝宝喂食软饭时，会因为咀嚼而感到疲惫，进食速度会放慢，甚至拒绝进食，这时候妈妈可以在米粥的基础上适量添加一些软饭。

离乳后期宝宝的饮食重点

离乳后期的宝宝，可以按早、午、晚餐三次来喂食离乳食，所以，一定要以能摄取各种营养为目标来打造食谱。

食物硬度以宝宝能用牙龈嚼碎为原则

离乳后期的食物不再是流质食物了，即便妈妈充分考虑过宝宝咀嚼情况，将食物颗粒处理成适宜的大小，难免还是会出现宝宝难以嚼碎或不易消化的情形，若是宝宝将食物往外吐或是被呛住，妈妈就要考虑是否食物做得太硬，应该要做得再松软一些。食物的形状过大也会使得宝宝无法正常吞咽，最好做成适合宝宝食用的大小，才能培养他细嚼慢咽的良好饮食习惯。不要把宝宝喂得满嘴食物，或是在一旁催促宝宝快点将食物吞下去，这样容易养成宝宝狼吞虎咽的坏习惯，没有任何好处。

纠正宝宝边玩边吃的坏习惯

这个阶段，如果宝宝喜欢边玩边吃，妈妈可以让宝宝随意吃半小时，然后结束用餐，即便宝宝想再吃也不要喂食，以此向宝宝宣示妈妈坚定的意志，妈妈如果这样重复一两次，宝宝的饮食坏习惯便能得到改善。若是没有即时纠正宝宝的坏习惯，将来仍会让妈妈头痛不已。应该要养成让宝宝坐着用餐的习惯，部分宝宝喜欢躺着吃饭，这样做不仅

可能造成窒息危险，同时不利于培养宝宝独立进食的习惯。宝宝在出生7个月以后，一般都能独立坐着，妈妈要帮他准备好专用饭桌，才能培养宝宝与大人一起用餐的习惯。

制订营养均衡的宝宝食谱

由于离乳食进食量的增加，宝宝喝奶将逐渐减少，或逐渐停止，因此营养来源多半倚赖离乳食，妈妈要制订营养的离乳食谱。富含碳水化合物的米饭、吐司；富含蛋白质的鸡蛋、海鲜和肉类；富含纤维质的萝卜、玉米以及菠菜，妈妈必须注意这几大类食材的均衡搭配，以2至3日为单位，帮宝宝制订丰富又营养的专属食谱，料理手法尽量多变，让宝宝维持用餐的新鲜感。

让宝宝练习使用杯子

为了完全终止喂奶，妈妈要训练宝宝用杯子喝奶。宝宝1岁后，除了三顿饭之外，最好再加2至3次饮料和点心，这个时期，宝宝每餐最合适的量为120毫升，大概是成人碗的一半。

宝宝开始对食物表现出明显好恶，甚至产生偏食

随着月龄的增加，宝宝开始主动关注与吃有关的事物，并且逐渐产生独立意识，喜欢随心所欲，妈妈要让宝宝养成健康的饮食习惯。离乳后期，宝宝学会挑选自己喜爱的食物，经常因为挑食和妈妈吵闹，这时候宝宝对于食物的喜好是暂时的，如果妈妈将宝宝不爱吃的食物经常放在他手边，就可以逐渐纠正宝宝的偏食坏习惯了。

离乳后期的喂养小重点

在这个阶段，宝宝开始对饮食表现出明显喜好，无论是对离乳食的喜欢或讨厌，妈妈都可以从宝宝的饮食状况轻易观察出。离乳后期，宝宝常会因为玩耍而不想进食，出现这种情况，妈妈不要急着让宝宝吃饭，应该耐心等待宝宝肚子饿，自己想吃东西时，再来喂食宝宝，这样宝宝才会多吃些，若是宝宝一日三餐进食量不均衡，只要差别不大，就无需过于担忧。宝宝挑食时，妈妈要多花些心思采用具备特色的烹饪方法，来吸引宝宝多多进食，才能逐渐改正这些习惯。

宝宝想要用手拿食物，就让他自己动手

离乳后期，除了让宝宝吃些煮烂的蔬菜，妈妈还要适当地喂养宝宝一点成形的蔬菜，例如：将土豆、胡萝卜煮熟、切条，或将小黄瓜去皮、切条，让宝宝可以自己抓着吃。离乳后期，除了让宝宝吃煮熟的蔬菜之外，还可以适量地为他补充蛋白质，像肉类等。妈妈可以多做些让宝宝用手拿取的食物，像是水果条、小肉块、蔬菜条、土豆块或是小芝士块等都是很好的选择，宝宝可以借此学会独立吃饭。

🔼 妈妈采取多变的离乳食料理手法，可让宝宝乐于吃饭。

离乳后期Q&A

Question 01
喂食宝宝米粥时，什么样的软硬度最为合适？

宝宝满9个月之后，大部分上下会各长出两颗小门牙，可以使用牙龈咀嚼软的食物。宝宝的门牙和牙龈可以发挥很重要的咀嚼作用，只要妈妈能用手捻碎的食物，宝宝就能用门牙和牙龈嚼碎。离乳后期，妈妈要在下午2点左右给宝宝增加一次喂离乳食物的时间，将宝宝每天2次的喂食次数增加至每天3次。

Question 02
肉丸或炸肉饼的硬度适合宝宝食用吗？

肉丸或炸肉饼的硬度非常适合这个时期的宝宝。离乳后期，宝宝的舌头已经很灵活了，可以左右运动，并伸缩自如，而且还会用牙龈磨碎食物。这个时期的离乳食物硬度要确保宝宝可以用牙齿嚼碎，例如：煮些可以看清楚米粒形状的粥。不过要特别注意的是，如果一开始就喂宝宝吃太硬的食物，宝宝会放弃咀嚼而直接吞下去，所以妈妈要注意观察宝宝的反应。这个时期，妈妈可用少量的盐、酱油、白糖以及番茄酱、蛋黄酱等离乳食物调味，但不要每天都用，最好保持离乳食的原味，添加少量调味料。

Question 03 如果喂食的时候，宝宝边吃边玩，30分钟后，如果宝宝还是无法专心在吃饭上，妈妈应该怎么做？

在这个时期，宝宝常会用汤匙弄翻饭碗，或将手伸进碗里乱抓，这是宝宝想要独立吃饭的表现。因此，妈妈在这个时期要做一些能让宝宝抓食的离乳食，将煮熟的蔬菜条或海苔包饭等食物放到宝宝手里，让他自己把食物放进口中，用门牙咬断食物，以牙龈咀嚼，再吞咽下去。离乳后期的宝宝不仅喜欢自己拿取食物，还喜欢边吃边玩，部分宝宝虽然开始时吃得好好的，但没过多久就会将食物乱抓乱拍或扔到地上去。如果宝宝有边吃边玩的习惯，妈妈要让宝宝认识吃和玩的区别，训练他专心吃饭。妈妈可以先让宝宝边吃边玩半小时，然后从宝宝手中拿走食物，表示坚决不允许宝宝这样做。

Question 04 如果宝宝一日吃了三次离乳食，用餐时间可以跟成人一样吗？

离乳后期，宝宝进食离乳食的时间，除了上午10点和下午6点之外，增加了下午2点的一次，基本上与成人的用餐时间非常相似，这有利于让宝宝养成正常的饮食习惯。等到离乳后期，宝宝完全适应吃饭后，妈妈可逐渐停止给宝宝喂奶，即便继续让他吃奶，也要减少喂奶量，可将每日次数改成2次，例如早晨和中午，或是早晨和晚上各一次，两次共喂400毫升奶。若喂宝宝配方奶，则要注意使用和宝宝成长阶段相适应的配方奶种类。

Question 05 宝宝看到大人吃泡面也闹着吃，可以喂食一点给他吗？

泡面中的人工添加物非常多，像是调味包里的辛香料、味精等，不仅味道较重，而且盐分含量过高，不适合让宝宝食用。